无人机地面站系统技术基础

刘树光　主编

U0249580

科学出版社

北京

内 容 简 介

本书立足于无人机地面站系统基础技术,按照地面站系统使用与维护需要掌握的"机-链-站"技术,讲述无人机飞行控制、卫星导航、链路系统、任务规划、地面控制站的相关原理与技术。该书编写过程中注重突出岗位任职能力,贴近无人机运用实际,结合使用与维护人员需求,力争内容简洁、明了、实用。

本书可供从事无人机使用与维护领域相关工作的科研工作者和工程技术人员参考使用,也可作为相关专业学生的教材和参考书。

图书在版编目(CIP)数据

无人机地面站系统技术基础 / 刘树光主编. -- 北京:科学出版社,2024.8. -- ISBN 978-7-03-079124-5

Ⅰ. V279

中国国家版本馆 CIP 数据核字第 2024N4P689 号

责任编辑:许 健 / 责任校对:谭宏宇
责任印制:黄晓鸣 / 封面设计:殷 靓

科 学 出 版 社 出版
北京东黄城根北街 16 号
邮政编码:100717
http://www.sciencep.com

南京展望文化发展有限公司排版
苏州市越洋印刷有限公司印刷
科学出版社发行 各地新华书店经销

*

2024 年 8 月第 一 版 开本:B5(720×1000)
2024 年 8 月第一次印刷 印张:13 1/2
字数:262 000

定价:80.00 元
(如有印装质量问题,我社负责调换)

《无人机地面站系统技术基础》
编写人员

主　编：刘树光

参　编：王　柯　刘亚擎　樊　涛　陈继成

前　言

　　无人机地面站系统是供操作人员在地面远程控制无人机进行发射和回收、飞行状态监控和任务执行的设备，是无人机"机-站-链"闭环系统的重要组成部分，是操作人员与无人机进行人机交互的工作平台，主要完成指挥控制、航迹规划、实时监测、链路通信、发射回收、情报传输等功能。地面站系统工作性能完好与否，直接决定着无人机系统的作战效能能否有效发挥。

　　本书面向无人机地面站作战使用与机务维护实际，立足于无人机地面站系统基础技术，按照地面站系统使用与维护需要掌握的"机-链-站"技术，讲述无人机飞行控制、卫星导航、链路系统、任务规划、地面控制站的相关原理与技术，力求内容简洁、明了、实用。全书共分为六章。第一章地面站系统技术概述，简要阐述无人机地面站系统的功用、组成，指出地面站系统技术的发展趋势。第二章无人机飞行控制原理，概述无人机飞行控制的特点、基本原理、控制结构和控制模式，介绍无人机的坐标系、运动参数、运动自由度、操纵机构参数和机翼几何参数，阐述无人机姿态控制、增稳控制、航迹控制的基本原理。第三章无人机卫星导航原理与技术，主要阐述卫星导航原理、北斗卫星导航系统、卫星导航接收机、卫星导航增强系统、卫星导航对抗五个方面的相关原理与技术。第四章无人机链路系统原理与技术，简要阐述无人机链路系统工作原理，以及无人机遥测、遥控、遥感链路的功用、组成和相关关键技术，为实现地面控制站对无人机的遥测、遥控、遥感奠定技术基础。第五章无人机任务规划原理与技术，给出无人机任务规划的基本概念和模型，阐述航路规划、链路规划、载荷规划的基本原理、方法和流程。第六章无人机地面控制站原理与技术，概述地面控制站的基本功能与组成，分析地面控制站中测控总线规范、人机交互系统、网络管理与监控基本原理，阐述地面控制站席位设置和功能，剖析地面控制站系统间信息互联与数据传递。

　　本书由刘树光主编，王柯、刘亚擎、樊涛、陈继成参编。其中，第一章由刘树光、王柯编写，第二章由刘树光编写，第三、四章由刘亚擎编写，第五章由樊涛编写，第六章由刘树光、王柯、陈继成编写,刘树光负责全书的统稿工作。

无人机能力的提升直接推动着地面站指挥控制功能的发展。由于无人机领域是一个新兴领域,目前国内还鲜有相关地面站系统技术方面的教材或专著,对无人机地面站系统技术的讲授是一种全新探索,意味着新问题、新挑战、新尝试,加之编者水平和时间有限,书中难免会有不妥和错误之处,恳请读者批评指正。

编者

2024 年 4 月

目　　录

第一章
地面站系统技术概述

【知识导引】

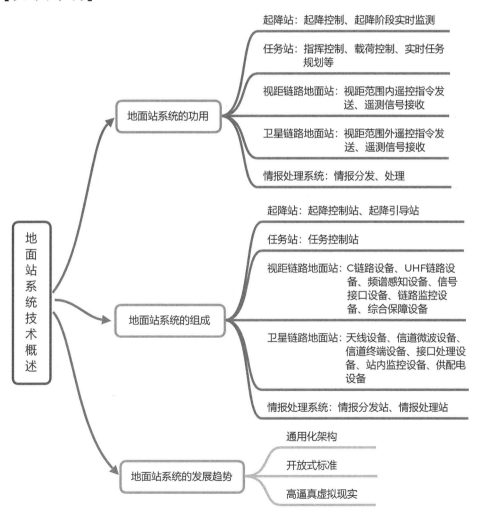

地面站系统是无人机"机-站-链"大系统的重要组成部分,是保障无人机飞行安全,顺利完成作战任务的核心和关键。本章简要阐述无人机地面站系统的功用、组成,指出地面站系统技术的发展趋势。

1.1 地面站系统的功用

地面站系统用于完成对无人机的遥控、遥测、跟踪定位以及信息传输,实现对无人机的飞行监控,机载侦察信息的实时获取、处理与上报,以及对目标的攻击,主要包括起降控制站、起降引导站、任务控制站、视距链路地面站、卫星链路地面站和情报处理系统。

起降控制站和任务控制站是无人机系统的地面核心,完成无人机系统从仿真训练、任务规划到飞行前准备、起飞、任务执行、降落回收等全过程的飞行与任务指挥控制,视距链路地面站和卫星链路地面站是无人机数据链系统的重要组成部分,主要任务是建立一个空-地双向数据传输链路,完成对无人机的遥控、遥测和侦察信息传输。

1.1.1 起降站

起降站包括起降控制站和起降引导站。起降控制站具有标准、训练和维护三种工作模式。在标准工作模式下,起降控制站完成无人机的起降控制及与任务控制站之间的交接,具有对无人机的控制能力、测控链路监控能力、任务规划能力和语音数据通信能力。无人机控制能力即生成无人机控制指令,接收、处理和显示无人机遥测信息。测控链路监控能力即生成测控链路控制指令,接收、处理和显示测控链路状态信息。任务规划能力即进行飞行前任务规划和飞行中实时任务规划。语音数据通信能力即与任务控制站、航管、气象、情报和指挥所及其他部门之间的通信能力。在训练工作模式下,起降控制站能够为操作人员提供真实环境下的任务训练能力,包括起降控制训练能力、测控链路监控训练能力、任务规划训练能力和语音数据通信训练能力。在维护工作模式下,起降控制站支持对本站的维护功能,包括故障检测与隔离、硬件设备维护、软件升级与维护、遥测数据转储保存等,通过与其他专用维护设备配合,支持对无人机系统的维护功能。

起降引导站与起降控制站、视距链路地面站一起布置在起降机场,主要负责完成无人机起降阶段的实时监测和控制。

1.1.2 任务站

任务站主要由任务控制站构成。任务控制站用于完成无人机出航、巡航、返航,执行侦察或打击任务、嵌入式仿真训练,以及配合维护,主要功能包括:指挥控制无人机,通过显示和声光告警等手段监控飞行状态、机载系统、任务设备和数据链路工作状态;对任务载荷进行控制,显示侦察、监视图像信息,存储和转发侦察图像数据;实现与情报处理系统的通信和协调,进行飞行中实时任务规划,并通过数据链系统进行动态加载。

任务控制站与起降控制站类似,同样具有标准、训练和维护三种工作模式。在标准工作模式下,具有无人机控制、任务设备监控、测控链路监控、任务规划、语音数据通信等功能;在训练工作模式下,具有飞行控制训练、侦察任务设备控制训练、测控链路监控训练、任务规划训练、语音数据通信训练等功能;在维护工作模式下,具有故障检测与隔离、硬件设备维护、软件升级与维护、任务数据转储保存等功能。

1.1.3　视距链路地面站

视距链路地面站与起降控制站和任务控制站配合使用,用于完成对飞行控制指令、机载任务设备控制指令和链路控制指令的实时发送,对无人机飞行状态信息、飞行参数、侦察设备工作状态参数、侦察信息及链路工作状态信息的接收。具体功能包括:

（1）实现对无人机遥控数据的发送;

（2）实现对无人机遥测和任务载荷数据的接收;

（3）实现对无人机的跟踪测角、测距;

（4）具有数据加密传输功能;

（5）具有自检测和远程监控能力;

（6）副链路地面设备具有发送 1 架无人机遥控数据、接收 4 架无人机遥测数据的能力。

1.1.4　卫星链路地面站

卫星链路地面站与任务控制站配合使用,用于完成飞行控制指令、机载任务设备控制指令和链路控制指令的实时发送,接收无人机飞行状态信息、飞行参数、侦察设备工作状态参数、侦察信息和链路实时状态信息。具体功能包括:

（1）实现对无人机遥控数据的发送;

（2）实现对无人机遥测和任务载荷数据的接收;

（3）系统具有信息传输加密功能;

（4）无人值守时具有外部电源掉电告警功能;

（5）系统具有自检测和监控能力;

（6）具有发送 1 架无人机遥控数据、接收 4 架无人机遥测数据的能力。

1.1.5 情报处理系统

任务控制站与情报处理系统进行有线通信,转发侦察、监视数字图像信息,并通过情报处理系统与不同指挥级别的作战人员和情报用户协调,对无人机所获取的侦察信息进行在线、离线处理,生成目标侦察综合情报、目标打击毁伤效果核查情报、海上目标监视情报和基于图像的周边战略目标动向情报等情报产品。

1.2 地面站系统的组成

地面站系统是与无人机配套的地面指挥控制系统,整套地面站包括起降站、任务站、链路地面终端和情报处理系统,具体由起降引导站、起降控制站、任务控制站、视距链路地面站、卫星链路地面站、情报分发站、情报处理站组成,如图 1-1 所示。

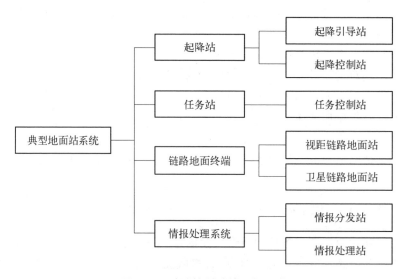

图 1-1 地面控制站的一般组成

1.2.1 起降站

起降站由起降控制站和起降引导站两部分组成,起降控制站部署在无人机所在的起降机场,用于无人机起降阶段和视距范围内巡航的地面指挥控制。起降引导站与起降控制站配套使用,在无人机起降阶段为其提供精密差分 GPS 和毫米波雷达起降引导信号。

1.2.2 任务站

任务站由任务控制站组成,起降站与任务站分离部署,任务控制站部署在无人机远程控制基地,负责无人机任务执行阶段的实时监控、侦察信息分析处理及分发、攻击决策。

1.2.3 视距链路地面站

视距链路地面站以方舱形式配置于起降站和任务站,可装车使用。视距链路地面站一般由主链路设备、副链路设备、频谱感知设备、信号接口设备、链路监控设备和综合保障设备组成。主链路设备由天线组合、射频前端、变频组合(含频谱感知单元)、信道组合、终端处理机、链路监控计算机和供配电设备等组成。副链路设备由天线、射频前端、信道组合、终端处理机和供配电设备等组成。视距链路地面站还安装有情报产品无线分发地面端机。

1.2.4 卫星链路地面站

卫星链路地面站完成对无人机的遥控、遥测和侦察信息的超视距传输。卫星链路地面站与卫星链路机载终端组成卫星中继超视距链路,完成超视距信息传输。二者以定位于赤道上空的同步轨道通信卫星为中继,进行点对点通信,包括前向和返向两条链路,完成空地双向信息传输。地-星-机方向为前向链路,机-星-地方向为返向链路。前向链路可以传输无人机的控制信息,分时控制多架无人机。返向链路可以传输无人机的状态信息、侦察信息等,也可分时传输多架无人机的信息。

卫星链路波段一般为 Ku 波段、Ka 波段。卫通链路地面站由天线设备、信道微波设备、信道终端设备、接口处理设备、站内监控设备、供配电设备、频谱仪、油机、空调等组成。

1.2.5 情报处理系统

情报处理系统由情报分发站和情报处理站组成,情报的生成、处理和分发由情报专业相关人员负责,不属于地面站专业对应的工作内容,情报系统组成分解可以查阅相关技术资料。

1.3 地面站系统技术的发展趋势

当前,根据无人机任务的不同,地面站系统的结构也有一定区别。不同的结构无法实现各种情报的共享,加大了无人机使用、维护的费用,也影响着无人机作战效能的有效发挥。随着无人机作战运用需求的发展以及军事智能技术的进步,无人机地面控制站逐步向通用化、开放性和高逼真虚拟现实方向发展。

一是向通用化架构方向发展。美军通过几次局部战争中对"全球鹰"和"捕食者"等无人机装备的作战运用，逐渐认识到一套无人机系统配备一型地面站存在着严重的问题。各型地面站不仅结构不同、功能配置各异，而且系统组成架构千差万别，内外部数据接口、通信协议更是相互封闭，无法实现地面控制站与不同无人机之间的互联、互通和互操作，影响着多类型无人机协同作战效能的有效发挥，成为无人机运用领域迫切需要解决的问题。美军开发出一种统一的无人机战术控制系统，可以对大多数陆、海、空军的近程及中程无人机进行控制，已提供给德国、加拿大、英国等北约国家。北约正在据此确定技术标准，建立通用的地面站系统，并成立了为通用控制系统制定设计标准的工作小组，同时正在实施旨在提高成员国无人机互操作性的计划，设定了北约无人机通用地面站的规格。美国联合项目办公室与平台研制单位共同组建团队，开发通用操作系统。

二是向开放性标准方向发展。"开放性"是指地面站系统具有快速、方便增加新软件和新硬件的功能。采用开放式结构和模块化组件是实现地面站系统综合集成的有效方法。开展地面站系统标准研究可以提升地面站系统，甚至是跨无人机系统平台的模块化、开放性和互操作性。系统硬件标准包括每个模块内处理器、信息处理硬件、数据链地面终端、通信设备、显示设备、图像获取、遥测遥控等一系列子系统级别的硬件标准。系统软件标准包括数据格式和图形接口等在内的信息接口标准，以及地面站操作人员训练的标准等，从而提高地面站在战场"聚系统"环境下的作战效率。无人机能力的提升将进一步提高地面站指挥控制功能的先进性，未来地面站开放式标准不仅仅是开放式架构的设计，还向开放式系统互联的方向发展。

三是向高逼真虚拟现实方向发展。为了提高无人机操作的真实感、沉浸感，未来无人机地面控制站将大量采用高逼真的虚拟现实技术，使得无人机操作人员沉浸在虚拟现实环境中，获得更加逼真、全面的战场态势信息和任务环境信息。高逼真的虚拟现实技术，将大大提高无人机操作人员身临其境的感觉，简化无人机操作界面，降低操作人员的能力要求。

作为无人机系统的大脑，地面站系统技术的发展与无人机技术的发展同等重要。让我们共同努力，让无人机系统的大脑更加健康，运转更灵活，通过这个大脑把无人机控制得更高、更远、更有效！

思 考 题

1. 从信息流的角度，简述地面站系统与无人机平台之间的关系。
2. 简要分析无人机起降站和任务站在功能、组成方面的异同。

3. 简要分析无人机视距链路地面站和卫星链路地面站在功能、组成方面的异同。

4. 简述地面站系统技术的发展趋势。

5. 谈谈你对无人机通用化地面站系统的认识。

第二章
无人机飞行控制原理

【知识导引】

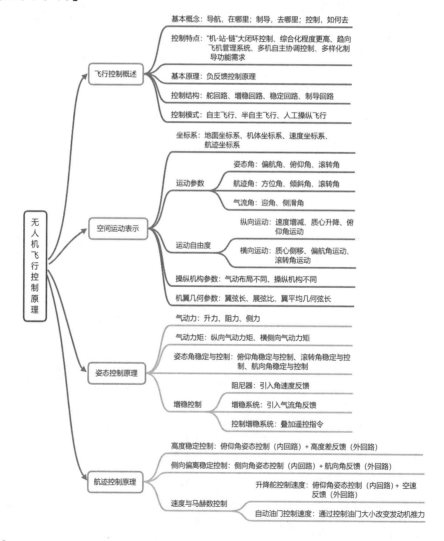

基本概念：导航，在哪里；制导，去哪里；控制，如何去

控制特点："机-站-链"大闭环控制、综合化程度更高、趋向飞机管理系统、多机自主协调控制、多样化制导功能需求

基本原理：负反馈控制原理

控制结构：舵回路、增稳回路、稳定回路、制导回路

控制模式：自主飞行、半自主飞行、人工操纵飞行

飞行控制概述

坐标系：地面坐标系、机体坐标系、速度坐标系、航迹坐标系

姿态角：偏航角、俯仰角、滚转角

航迹角：方位角、倾斜角、滚转角

气流角：迎角、侧滑角

运动参数

纵向运动：速度增减、质心升降、俯仰角运动

运动自由度

横向运动：质心侧移、偏航角运动、滚转角运动

操纵机构参数：气动布局不同、操纵机构不同

机翼几何参数：翼弦长、展弦比、翼平均几何弦长

空间运动表示

气动力：升力、阻力、侧力

气动力矩：纵向气动力矩、横侧向气动力矩

姿态角稳定与控制：俯仰角稳定与控制、滚转角稳定与控制、航向角稳定与控制

阻尼器：引入角速度反馈

增稳系统：引入气流角反馈

增稳控制

控制增稳系统：叠加遥控指令

姿态控制原理

高度稳定控制：俯仰角姿态控制（内回路）+ 高度差反馈（外回路）

侧向偏离稳定控制：侧向角姿态控制（内回路）+ 航向角反馈（外回路）

升降舵控制速度：俯仰角姿态控制（内回路）+ 空速反馈（外回路）

速度与马赫数控制

自动油门控制速度：通过控制油门大小改变发动机推力

航迹控制原理

无人机飞行控制原理

飞行控制系统是无人机必不可少的机载系统。它用于改善无人机的飞行品质（稳定性、操纵性），协助飞行员操纵无人机,完成无人机的自动飞行控制、任务载荷控制、发动机工作状态控制、起落架控制,以及保证任务载荷工作时所需的飞行参数（姿态、速度和高度）,并完成对机上所有机载设备的内部测试（built-in test,BIT)和检测数据的综合等。本章概述无人机飞行控制的特点、基本原理、控制结构和控制模式,介绍无人机的坐标系、运动参数、运动自由度、操纵机构参数和机翼几何参数,分析作用在无人机上的气动力和气动力矩,阐述无人机姿态角控制、增稳控制、航迹控制的基本原理。通过本章学习,可掌握无人机飞行控制的基本原理,为地面站实时遥控、遥测无人机飞行状态奠定技术基础。

2.1　无人机飞行控制概述

本节介绍导航、制导与控制的基本概念,概述无人机飞行控制的特点、基本原理、控制结构和控制模式等。

2.1.1　导航、制导与控制的基本概念

2.1.1.1　飞机的导航、制导与控制

飞机导航、制导与控制的概念及其相互关系用图2-1简单示意。

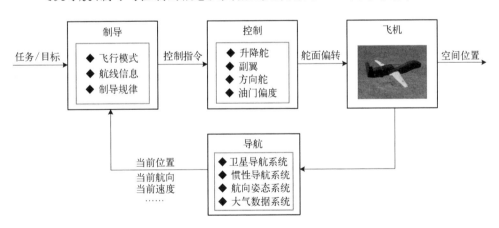

图2-1　飞机导航、制导与控制关系示意图

导航（navigation)单元通过卫星导航系统获取飞机的三维位置坐标（经度、纬度和高度）、航向和飞行地速,通过惯性导航系统、航姿系统测量飞机当前的姿态,通过大气数据系统获得飞机的飞行空速和气压高度。这些数据通过数据融合算法综合后给出飞机的当前位置、速度等参数,发送到制导功能模块。制导（guidance)单元以飞机当前状态为输入,根据当前飞行模式（起降模式、平飞模式、盘旋模式、保

护模式等)和航线信息,决定所采用的制导规律,计算产生控制指令,并将控制指令发给控制部分。控制(control)单元以控制指令为输入,通过给定的控制算法,产生合适的控制信号以驱动相应的执行机构(升降舵、副翼、方向舵、油门等),使飞机由当前状态尽快向目标状态改变,最终接近和达到目标状态。

飞机导航、制导与控制的本质实际上是解决飞机"在哪里""去哪里""如何去"三方面问题。导航的本质是获得飞机的当前位置、航向和速度等,给出飞机的精确定位和当前状态,解决飞机在哪里的问题;制导的本质是给出飞机的飞行指令,解决飞机往哪里走的问题;控制的本质是根据控制指令控制飞机按照期望的姿态和航迹飞行,实现飞机的稳定飞行和操纵控制,确保飞机准确到达目标区域,解决飞机到达目标的手段问题。

2.1.1.2　导航的任务和方式

导航的核心任务就是要实时确定出飞机的即时位置、飞行速度、航向等参数,以保证能够以要求的精度正确地引导和控制飞机沿着预定的航线飞行。这些参数通常称为导航参数,其中最主要的参数是实时位置,只有知道了飞机的当前位置才能确定怎样到达下一个期望位置,所以导航是飞行的基本要素。正是由于导航的重要性,迄今为止,人们已经发展了多种导航技术,而且仍然在不断地研究和开发新型导航技术。在大中型无人机领域,目前成熟的导航技术有惯性导航、卫星导航、天文导航和组合导航等。

惯性导航(简称惯导)是依靠安装于载体上的三个加速度计测量载机在三个轴向(东向、北向和天向)的运动加速度,经过积分运算获得载体瞬时速度和即时位置的一种导航方式。惯性导航完全依靠机载设备自主完成导航任务,工作时不向外辐射能量,不易受干扰,具有全自主、抗干扰、隐蔽性好、全天候工作等优点,但也具有累积误差难以克服、不能长时间独立导航的缺点。按照惯性测量装置在载体上的安装方式不同,惯性导航系统(inertial navigation system, INS)分为平台式惯性导航系统和捷联式惯性导航系统。平台式惯性导航系统将陀螺仪和加速度计等惯性元件通过万向支架运动系统与运动载体固连,具有精度高、计算量小、易补偿等优点,但是结构复杂、体积大、制作成本高。捷联式惯性导航系统没有机械结构的惯性平台,将陀螺仪和加速度计直接固连在载体上作为测量基准,不再采用机电平台,惯性平台的功能由计算机完成,即在计算机内建立一个数字平台取代机电平台的功能,载体的姿态数据通过计算得到。捷联惯性导航系统结构简单、体积小、重量轻、可靠性高、维护方便。

卫星导航是利用分布在太空轨道上的卫星,在地球表面或近地空间任何地点为用户提供全天候三维坐标、速度以及时间信息的一种空基无线电导航定位方式。卫星导航系统由导航卫星、地面台站和用户(载体)定位设备三部分组成。全球卫星导航系统国际委员会公布的全球 4 大卫星导航系统为美国的全球定位系统

(GPS)、俄罗斯的格洛纳斯卫星导航系统(GLONASS)、欧盟的伽利略卫星导航系统(GALILEO)和中国的北斗卫星导航系统(BDS)。卫星导航系统可以提供全球任意一点的三维空间位置、速度和时间,真正实现了全天候条件下的全球高精度导航定位,定位精度高,观测时间短,操作简便,但卫星导航从广义上仍属于无线电导航,其定位精度和性能容易受到自然环境和人为因素干扰。

天文导航是以已知准确空间位置的自然星体为基准,通过星体测量仪器探测星体位置,利用自然星体与时间有关的位置信息,经解算确定载体航向、姿态和位置的一种导航方式。天文导航系统既能确定载体的位置信息(经度、纬度),又能确定载体的姿态信息(滚转角、俯仰角和航向角),定位精度较高,误差不随时间积累,抗干扰能力强,其精度主要取决于对指定星体的观测精度,受气象条件影响较大,通常与其他自主导航系统组合使用。

组合导航是将两种或两种以上导航系统以适当方式组合在一起,利用其性能上的互补性,获得比单独使用任一系统时更高导航性能的导航方式。目前大中型无人机、有人机上实际应用的导航系统基本上是组合导航系统,如卫星/惯导组合导航系统、卫星/天文/惯导组合导航系统、多普勒/惯导组合导航系统等。

2.1.1.3 制导的任务和方式

制导的核心任务是根据飞机的预定目标(或预设航线)和当前的导航参数等信息,确定出飞机的飞行控制指令信号,以使飞机能够实现期望的飞行航迹,确保任务完成。制导功能早期主要用于导弹、卫星等飞行器,先进有人机在自主飞行状态时,也需要有一定的制导能力。随着大中型无人机技术的发展,飞行器制导功能的内涵更加丰富多样。按照制导指令形成方式不同,飞行器的制导方式主要分为自主制导、遥控制导、寻的制导和复合制导四类。

自主制导是指飞行器在飞行中,仅根据预先装订的目标或目标区信息和依靠自身设备获得的导航信息,自主计算出制导指令的一类制导方式。根据信息的来源和计算方法的不同,自主制导又可具体划分为程序制导(标准航迹制导)、卫星制导(GPS/GOLNASS/ GALILEO/BDS)、惯性制导、天文制导等方式。

遥控制导是指由地面制导雷达通过遥控链路向飞行器发出制导信息,或由地面指挥控制站通过遥控链路向飞行器发出飞行指令,由飞行器根据接收的飞行指令控制自身飞向目标或预定区域的一类制导方式,即一种由地面制导站发出指令来控制飞行器飞行的制导技术。根据制导指令形成部位的不同,遥控制导分为遥控指令制导和波速制导两类。遥控指令制导由制导站的引导设备同时测量目标、飞行器的位置和其他运动参数,并在制导站形成引导指令,通过无线电波传送至飞行器上,机载控制系统操纵飞行器飞向目标。波速制导系统的制导站发出波束(无线电波速、激光波速),飞行器在波速内飞行,机载制导设备感受飞行器偏离波速中心的方向和位置,产生相应的引导指令,操纵飞行器飞向目标。

寻的制导是利用目标辐射或反射的能量制导飞行器攻击目标的制导方式,主要用于导弹、制导炸弹、反辐射无人机、自杀式攻击无人机等目标攻击性飞行器。寻的制导利用装载于飞行器上的导引头感受目标辐射或反射的特征能量(如无线电波、红外线、激光、可见光等),确定目标和飞行器的相对运动参数,由飞行器机载制导计算机形成指令信号,控制飞行器飞向目标。根据特征能量制造源的不同,分为主动寻的、半主动寻的和被动寻的三种制导方式。根据特征能量物理特征的不同,分为雷达寻的制导、红外寻的制导、电视寻的制导和激光寻的制导等方式。

复合制导是通过复合两种及两种以上制导技术,以进一步提高制导精度和制导系统抗干扰能力的制导方式。每种制导体制都有着自己独特的优点和缺点,单一的制导体制难以做到全天时、全天候的精确制导,通过各有所长的制导技术互补,可以有效提高制导精度。复合制导在转换制导方式的过程中,各种制导设备的工作必须协调过渡,以确保飞行器航迹/弹道的平滑衔接。

2.1.1.4 控制的任务和方式

控制的核心任务是实现控制指令的要求,将控制指令的要求转化为对飞机操纵面的偏转控制,从而改变飞机的气动力和气动力矩,使其按期望的姿态和航迹飞行,控制的对象是飞机的操纵面。飞机的气动布局不同,操纵面的种类、形态和数量也不同。以察打一体型无人机为例,共布置有 10 个操纵面,如图 2-2 所示,机翼设有襟翼、襟副翼和副翼,V 型尾翼设有内侧升降方向舵和外侧升降方向舵。在起降阶段,襟翼用于起降增升,襟副翼做襟翼使用,在飞行阶段,副翼用于滚转操纵,襟副翼做副翼使用,升降方向舵执行纵向俯仰与航向操纵。襟翼、襟副翼和副翼分别是安装在机翼后缘的活动翼面,三种翼面在左右机翼后缘分别设置一个翼面。当两侧的副翼按照差动方式偏转,使左右机翼产生的升力发生变化,进而会产生使无人机向左或向右滚转的力矩,控制无人机实现滚转操纵。当两侧的襟副翼偏转方向相反时,与副翼一起实现滚转操纵;两侧的襟副翼偏转方向相同时,与襟翼一起改善升阻特性。襟翼只有收起(0°)或放下(20°)两种偏转状态,滑行任务和空中任务阶段襟翼处于收上状态,飞行任务起飞爬升和进场着陆阶段襟翼处于放下状态,襟翼放下状态时主要起改善升阻特性的作用。升降方向舵是设置在 V 型尾翼后缘的活动翼面,左、右尾翼分别安装 1 个外侧和 1 个内侧升降方向舵,实现俯仰操纵和偏航操纵。当左右两侧升降方向舵作同向偏转时,起升降舵作用,可以改变尾翼上所受气动合力的方向,产生使无人机低头或抬头的力矩,控制无人机实现俯仰操纵;左右两侧升降方向舵作差动偏转时,则起方向舵作用,产生使无人机机头偏转的力矩,控制无人机实现偏航操纵。

从飞机发展至今,对操纵面的控制方式经历了机械操纵、阻尼增稳控制、控制增稳和电传操纵等发展阶段。机械操纵方式是通过机械杆系将飞行员用驾驶杆和脚蹬发出的驾驶指令直接传递到操纵面的控制方式,包括纯机械操纵、可逆助力操

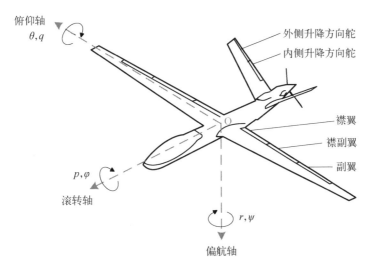

图 2－2　察打一体型无人机的操纵面布置示意图

纵和不可逆助力操纵。随着飞机向高空高速发展,为了解决飞行包线扩大导致的飞机运动阻尼下降和稳定性不足的问题,在操纵面的控制通道中引入角速度反馈和气流角反馈,从而达到增大系统动态阻尼、增加飞机静稳定性的目的,实现这种功能的系统称为增稳操纵系统。增稳操纵系统在增大系统阻尼和静稳定性的同时,降低了飞机的操纵反应灵敏度,使飞机的操纵性变差,不利于机动飞行。为了解决操纵性和稳定性之间的矛盾,又在原来增稳系统操纵通道的基础上,增设了由杆力(或杆位移)传感器和指令模型组成的前馈电气指令通道,即向操纵面叠加了一个由电气指令通道产生的控制作用,从而提高系统的稳态增益,改善系统的操纵性,这种操纵方式称为控制增稳。从简单的机械操纵系统到控制增稳系统,飞机的操纵系统变得越来越复杂,但其主通道仍然是机械操纵系统。由于保留了复杂的机械杆系,存在着传动机构笨重复杂、精微操纵难以实现和战场生存能力差等缺点。随着微电子技术、计算机技术和余度技术的成熟,多余度电气通道的可靠性水平完全达到了单余度机械通道的可靠性水平,用完全的电气操纵取代"机械+电气"形式操纵通道的电传操纵系统,开始被现代飞机广泛使用。电传操纵系统完全取消了机械杆系传动,将驾驶员的操纵指令变换为电信号,完全依赖于电信号来传力,同时具有完善的反馈控制回路,从而大幅减轻了操纵系统的重量,改善了操纵系统的性能,实现了操纵面的精微操纵,保证了飞机的高飞行品质。随着飞机飞行性能和多任务需求的不断提高,为提升对抗恶劣电磁环境的能力和协同作战的智能化水平,将指令电气传输通道改为光纤传输通道(即光传操纵系统),进一步将计算机集中控制方式升级为分布式网络控制方式(即分布式飞行控制系统),成为飞机操控系统的未来发展方向。

2.1.2 无人机飞行控制的特点

无人机的主要功能是搭载任务载荷至工作地点,完成指定的情报收集、空中侦察、远程监视、对地/空目标打击等任务。随着无人机种类的扩大,特别是无人机自主性、智能化程度的提高,使无人机飞行控制的内涵有了更为丰富的发展。与有人机飞行控制相比,无人机飞行控制呈现出不同的特点。

1. 无人机飞行控制是一种"机-站-链"大闭环控制

实际的无人机装备是一套无人机系统,包括空中的无人机平台、地面的指挥控制系统、综合保障系统和任务载荷。无人机的飞行和任务执行需要无人机平台飞行控制系统、地面控制站和测控链路共同配合完成,从而构成了无人机系统"机-站-链"闭环控制回路,是一种"机上无人,系统有人"的大闭环控制系统,"机上无人"的特点使其在传统飞行控制的基础上增强了制导的重要性,而"系统有人"的特点使其需要地面指挥控制系统的支持。

2. 无人机飞行控制系统的综合化程度更高

一是无人机以自主飞行为主,飞行员对无人机的操控一般通过地面控制站完成,无人机的机载飞行控制系统更为简洁。二是无人机飞行控制对导航系统的可靠性和精度提出了更高要求,一般要求采用卫星导航、惯性导航、天文导航等多种方式构建组合导航系统。三是为实现无人机的自主起降控制,需要差分卫星导航系统、微波着陆系统等高精度起降引导系统的支持。

3. 无人机飞行控制系统是一般意义上的飞机管理系统

一是无人机的飞行管理、任务规划往往依托地面控制站完成,使得机载飞行管理和飞行控制系统更易于融合。二是无人机执行任务的长航时需求,决定了无人机飞行控制系统需要兼顾交联系统的资源和信息共享、调度、优化和管理工作。三是通常无人机系统设计以整体性能最优为目标,通过系统综合化设计,实现高效的信息交换和资源共享,达到飞行性能、飞行能力以及重量、成本、可靠性、维护性等方面的显著改善,实现飞行管理、导航管理、飞行控制以及其他机载系统协调控制功能。

4. 无人机飞行控制逐步向多无人机自主协同控制发展

在当前无人机平台能力和传感器/武器等任务载荷限制的条件下,无人机执行的任务划分更趋于专业化,任务载荷较为单一。面对日益多样化的复杂任务和高度对抗的战场环境,无人机的使用模式将由单平台逐步发展为多平台协同作战,通过相互的能力互补和行动协调,实现单架无人机的任务能力扩展及多无人机系统的整体作战效能提升,在此情况下,无人机飞行控制将向多无人机自主协同控制发展。

5. 由于用途及飞行特性不同,不同类型的无人机对飞行控制的功能需求不尽相同

无人机根据其用途可以分为靶机、自杀式攻击机、反辐射无人机、无人侦察机、通信中继无人机、无人对地攻击机、无人作战飞机、临近空间无人机、空天无人机等。若从无人机飞行控制的特点来看,用于攻击目标的自杀式无人机,其功用类似于导弹,飞行控制方式也与导弹相似;靶机、无人侦察机、通信中继无人机、无人对地攻击机、无人作战飞机等绝大多数无人机,像有人飞机一样可以重复使用、持续巡航,其飞行控制方式与有人机的姿态控制、航迹控制相似;可跨空、天飞行的空天无人机,在轨时类似于卫星,返回再入时是具有可控机动能力的再入飞行器,返场着陆阶段则完全就像是一个普通的无人机,在不同飞行阶段有着不同的飞行控制需求,其飞行控制方式更为丰富。

2.1.3　无人机飞行控制基本原理

无人机由于"机上无人",其飞行控制本质上依靠自动飞行控制系统实现。所谓自动飞行控制系统是指不需要飞行员干预,自动驱动飞机操纵面,以控制或稳定飞机飞行状态的系统。主要实现飞机的姿态保持、速度保持、高度稳定、自动进场着陆、自动导航、地形跟踪、自动引导等。通常可以实现自动控制和指令控制(自动飞行控制系统给出控制指令,由飞行员按照指令操纵)两种方式。

对于无人机来说,飞行控制系统更为重要。它除了具备有人机飞行控制系统的功能外,还要完成对任务规划的加载、任务载荷的控制、发动机工作状态的控制、起落架的控制,完成对机上所有机载设备的 BIT 检测和检测数据的综合等功能。

飞行控制系统的基本工作原理可以用负反馈控制原理来简要说明,一般负反馈控制系统的基本结构如图 2-3 所示。

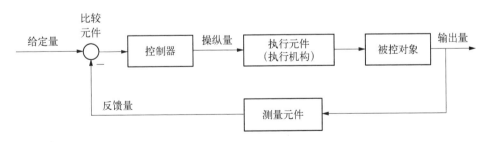

图 2-3　负反馈控制系统基本结构图

从图 2-3 可以看到,负反馈控制系统由比较元件、控制器、执行元件(执行机构)、被控对象和测量元件组成。

被控对象——要控制的对象,如无人机。

控制器——使被控对象具有所要求的性能或状态的控制设备。

执行元件——直接推动被控对象,使其被控量发生变化,如舵机等。

测量元件——检测被控制的物理量,如角速度、角加速度、线加速度传感器等。

比较元件——把测量元件检测到的被控量实际值与给定量进行比较,求出它们的差值作为控制器的输入。

给定量——是人为给定的,指系统具有预定性能或预定输出的激励信号。它代表输出的期望值,如俯仰角、速度等。

操纵量——是一种由控制器改变的量值或状态,如舵机输出的角位移、线位移等。

反馈量——测量元件输出的量值,一般是与实际的输出量成一定关系的电信号。

输出量——就是被控制的量,如无人机的俯仰角、倾斜角、偏航角、无线电高度、气压高度等。

当需要对某个输出量进行控制时,就通过测量元件测量这个量并进行反馈,送到输入端与给定量进行比较,将两者偏差送入控制器,控制器根据这个偏差,依据控制律解算出控制执行元件的操纵指令,产生操纵量,并通过执行元件对被控对象进行调节,使被控对象的运动状态朝着减少偏差的趋势方向运动,达到控制的目的。

2.1.4 无人机"机-站-链"控制结构

无人机最大的特点是"机上无人"。无人机的飞行和任务执行需要无人机平台飞行控制系统、地面控制站和测控链路共同配合完成。典型的无人机"机-站-链"控制结构如图2-4所示,无人机机上执行任务/导航控制指令,控制无人机按照期望要求飞行,并输出飞行状态信息的设备就是飞行控制系统(简称飞控系统)。而地面上承担发出遥控指令、接收遥测信息、监视无人机状态,以及操控无人机飞行的设备称为无人机的地面指挥控制系统(地面控制站),在无人机与地面控制站之间负责传送遥测遥控信息的系统称为无人机的测控链路。机载飞行控制系统、地面控制站和测控链路就成了无人机空地闭环信息控制的物理实体,即构成了"机-站-链"闭环信息控制结构,其突出特点是"机上无人、人在回路"。

就无人机平台而言,机载飞行控制系统主要由飞机管理(飞管)计算机、飞行控制(飞控)计算机、舵面操纵子系统和传感器子系统组成,部分无人机的飞控计算机与飞管计算机采用一体化设计,相关的飞行控制功能集成到飞管计算机中实现。机载飞行控制系统是保证无人机正常飞行并完成任务的核心和关键系统,而其中的飞行控制回路则是机载飞行控制系统的工作基础。按照负反馈控制原理,可以将机载飞行控制系统的飞行控制回路划分为舵回路、增稳回路、稳定回路和制

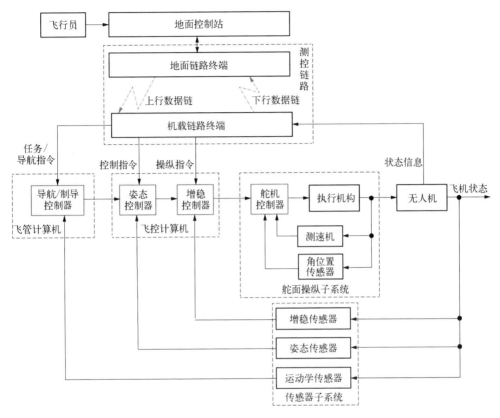

图 2－4　典型的无人机"机-站-链"控制结构图

导回路四个回路。

1. 舵回路

舵回路是一个伺服回路,用于改善舵机的性能以满足飞行控制系统的要求。舵回路由舵机控制器、执行机构、测速机和角位置传感器组成。舵机控制器利用舵机的速度和角位移等信号作为反馈信号,和舵机一起构成闭环反馈系统。舵回路中,测速机测出舵面偏转角速度,反馈到舵机控制器,以增大舵回路的阻尼,改善舵回路的动态性能。角位置传感器将舵面偏角位置信号反馈到舵机控制器,实现舵偏角与控制信号的一致。舵回路的输入为舵面偏转指令,输出为无人机上实际的舵偏角,用于产生稳定或控制无人机所需的控制力和力矩。

2. 增稳回路

增稳回路由舵回路加上增稳传感器、增稳控制器构成,主要通过阻尼和增稳反馈,改善无人机的固有特性,同时无人机飞行员可以通过地面控制站,经地面链路终端和机载链路终端向无人机发送人工杆舵指令,经过控制增稳作用于无人机,对无人机进行人工增稳飞行控制,实现飞行控制系统任务层级的第一层级功能。

3. 稳定回路

稳定回路由增稳回路加上姿态传感器、姿态控制器构成,主要用于控制无人机绕质心转动的角运动,并确保无人机的稳定飞行,包括稳定控制和指令控制两项基本功能。一方面当无人机受到外界环境的干扰作用后,通过稳定回路的自动修正,使无人机自动恢复到理想平衡状态下稳定飞行;另一方面当接收到地面控制站或飞管计算机给出的控制指令时,自动调节无人机的飞行姿态,使无人机飞行状态平稳过渡到新的工作点,实现姿态指令的跟踪控制。稳定回路主要实现飞行控制系统任务层级的第二层级功能。

4. 制导回路

制导回路由稳定回路加上运动学传感器、导航/制导控制器构成,主要实现对无人机质心运动的控制,即无人机飞行航迹的控制,实现飞行控制系统任务层级第三层以上的层级功能。

无人机类型不同、任务功能不同,其导航制导指令(或任务指令)产生的形式也不同,一般可分为预置导航、寻的制导、遥测导航制导和复合导航制导等多种形式。

(1)预置导航:指飞行前离线规划好无人机的飞行航迹,将导航指令(或导航参数)预置于制导回路的存储装置(飞管计算机)中,再在飞行的各个阶段读取相关指令或参数对无人机加以控制,以确保无人机按预置的航迹飞行。

(2)寻的制导:指通过无人机飞行员或任务计算机设定目标位置和任务,由飞管计算机依据无人机与目标的位置偏差,实时计算无人机飞行航迹,生成控制指令,控制无人机实现实时飞行航迹的跟随控制,完成寻的任务。

(3)遥测导航制导:指由地面或空中指挥站对目标和无人机的位置进行实时探测,实时解算生成无人机的控制指令信息,通过遥控指令或制导波束等形式,完成无人机的导航制导任务。

(4)复合导航制导:通常指前三种方式中任意两种方式组合的控制方案,如预置导航和寻的制导的组合,无人机先采用预置导航方式接近目标,然后采用寻的制导方式对目标进行探测或攻击。

2.1.5 无人机的控制模式

无人机的控制模式主要包括自主飞行、半自主飞行和人工操纵飞行,同时在自主飞行和半自主飞行控制模式下可以进行人工超控,保证无人机在各种故障情况下仍然可控,三种控制模式的转换关系如图2-5所示。不同的控制模式反映了无人机与飞行员之间人机关系的不同,三种控制模式的工作原理如图2-6所示。

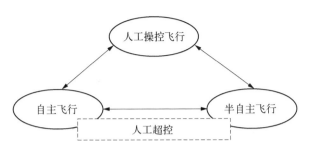

图 2-5　无人机控制模式和转换关系

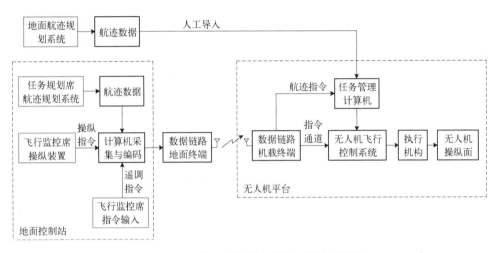

图 2-6　三种飞行控制方式的工作原理框图

　　自主飞行控制模式是指无人机自动按照设定航路或任务计算机自动生成指令进行航迹跟踪和高度控制的一种飞行控制模式。无人机在执行任务前,由地面作战人员通过航迹规划系统,规划出无人机的任务飞行航迹,以航迹数据的形式直接加载到飞控计算机或者任务管理计算机中,也可以通过地面控制站内的任务规划席将事先规划好的航迹数据或实时航迹规划数据,通过数据链路终端加载到飞控计算机或任务管理计算机中。飞行控制系统按照输入的飞行参数控制无人机,完成预定任务。自主飞行控制模式下,无人机自主完成起飞、爬升、巡航与进场着陆飞行全过程,飞行员不对无人机执行任何操作,只需在地面控制站监控无人机的飞行状态,仅当出现紧急情况时才切入人工超控模式,对无人机的自主飞行进行干预。飞行参数的主要内容包括起飞、降落机场、目标点等各转弯点的经纬度,各航段的飞行速度、高度,以及战场态势信息等。无人机与飞行员之间的人机关系是人在回路外。

　　半自主飞行控制模式是指在无人机自动飞行过程中,地面控制站内的飞行监控席通过地面遥调指令控制无人机飞行姿态和飞行航迹的一种飞行控制模式。飞行员在地面控制站飞行监控席中通过数据链路地面终端,向无人机发送姿态、高度、速度和航向数字编码信息,由无人机上的数据链路机载终端接收,解码后传输给飞控计算机,控制无人机机动飞行。无人机与飞行员之间的人机关系是人在回路上。

人工操纵飞行控制模式是指飞行员利用飞行监控席上操纵装置(操控杆、油门杆、脚蹬)给出的三轴控制指令直接操控无人机进行俯仰、滚转和偏航的一种飞行控制模式。飞行员操纵杆、舵给出的操控量由计算机采集、编码后,经数据链路地面终端发送至无人机,由飞行控制系统操纵无人机进行远端姿态控制和增稳控制。无人机这种控制模式与有人机的区别是:一方面,无人机的操控装置位于地面控制站的飞行/任务监控席中,而有人机在飞机平台上;另一方面,无人机的操纵指令要通过数据链路传输,而有人机通过电传信号机内传输。

人工超控是指无人机在自主飞行、半自主飞行控制模式下,在不退出原有飞行模式的情况下,将飞行员的操纵杆指令叠加到自动的俯仰角、滚转角和偏航角控制给定值上,并改变飞行姿态。

2.2　无人机空间运动表示

本节阐述无人机的坐标系、运动参数、运动自由度、操纵机构参数和机翼几何参数,理解如何描述无人机的空间位置、空间运动和控制机构,为无人机姿态控制原理和航迹控制原理学习奠定基础。

2.2.1　坐标系与运动参数

为了深入研究无人机的运动特性,准确描述无人机的运动状态,就必须选择适当的空间运动坐标系。定义空间运动坐标系的目的,是描述无人机的运动变量并建立其运动方程,用以分析无人机的运动规律。以固定翼无人机为例,常用的坐标系有地面坐标系、机体坐标系、航迹坐标系和速度坐标系。

2.2.1.1　常用坐标系的定义

1. 地面坐标系(earth-surface inertial reference frame)$S_g - Ox_g y_g z_g$

(1)原点 O 取地面上某一点,如图 2-7 所示。

(2)Ox_g 轴在水平面内并指向某一方向。

(3)Oz_g 轴垂直于地面并指向地心。

(4)Oy_g 轴也在水平面内且垂直于 Ox_g 轴,其指向按照右手定则确定。

2. 机体坐标系(aircraft-body coordinate frame)$S - Oxyz$

(1)原点 O 取在无人机质心处,坐标系与无人机固连,如图 2-8 所示。

（2）Ox 轴在无人机对称平面内,平行于无人机设计轴线并指向机头,向前为正,称为纵轴。

（3）Oy 轴垂直于无人机对称平面并指向机身右方,向右为正,称为横轴。

（4）Oz 轴在无人机对称平面内,与 Ox 轴垂直并指向机身下方,向下为正,称为竖轴。

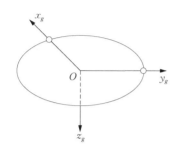

图 2-7　地面坐标系

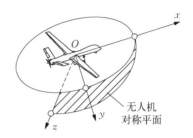

图 2-8　机体坐标系

3. 速度坐标系（wind coordinate frame）$S_a - Ox_ay_az_a$

（1）原点 O 取在无人机质心处,坐标系与无人机固连,如图 2-9 所示。

（2）Ox_a 轴沿飞行速度 V 方向,向前为正,称为阻力轴。

（3）Oz_a 轴在无人机对称平面内且垂直于 Ox_a 轴,指向机腹下方为正,称为升力轴。

（4）Oy_a 轴垂直于 Ox_az_a 平面,向右为正,称为侧力轴。

4. 航迹坐标系（path coordinate frame）$S_k - Ox_ky_kz_k$

（1）原点 O 取在无人机质心处,坐标系与无人机固连,如图 2-10 所示。

（2）Ox_k 轴沿飞行速度 V 方向,向前为正。

（3）Oz_k 轴在包含飞行速度 V 的铅垂面内,与 Ox_k 轴垂直,向下为正。

（4）Oy_k 轴垂直于铅垂平面 Ox_kz_k,其指向按照右手定则确定,向右为正。

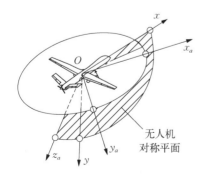

图 2-9　速度坐标系

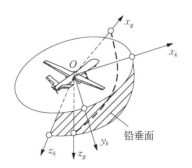

图 2-10　航迹坐标系

2.2.1.2 无人机的运动参数

无人机的运动参数通过坐标系之间的关系来定义,本节介绍的无人机运动参数有姿态角、航迹角、气流角、角速度和速度。

1. 无人机的姿态角

无人机的姿态角有三个,由机体坐标系与地面坐标系之间的关系来定义,即通常所指的欧拉角(euler angles),如图 2 – 11 所示。

(1) 偏航角 ψ(yaw angle):指机体轴 Ox 在水平面 Ox_gy_g 上的投影 k_1 与 Ox_g 轴之间的夹角。以投影 k_1 在 Ox_g 轴的右侧时 ψ 为正。偏航角 ψ 的范围为 $-180° \leqslant \psi \leqslant 180°$。

(2) 俯仰角 θ(pitch angle):指机体轴 Ox 与水平面 Ox_gy_g 之间的夹角。以无人机抬头时 θ 为正。俯仰角 θ 的范围为 $-90° \leqslant \theta \leqslant 90°$。

(3) 滚转角 ϕ(roll or bank angle):指无人机 Oz 轴与包含 Ox 轴的铅垂面之间的夹角。以无人机的左机翼上抬右机翼下沉时 ϕ 为正。滚转角 ϕ 的范围为 $-180° \leqslant \phi \leqslant 180°$。

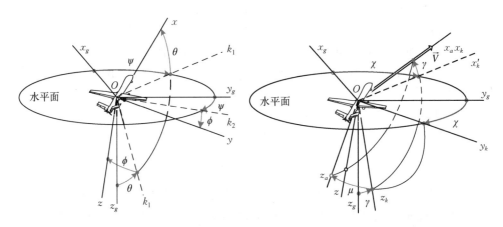

图 2 – 11　无人机的姿态角　　　　图 2 – 12　无人机的航迹角

2. 无人机的航迹角

无人机的航迹角(flight-path angles)有三个,其中的两个由地面坐标系与航迹坐标系之间的关系来定义,另一个由航迹坐标系与速度坐标系之间的关系定义,如图 2 – 12 所示。

(1) 航迹方位角 χ:指航迹坐标系的 Ox_k 轴在水平面 Ox_gz_g 上的投影 Ox_k' 与 Ox_g 轴之间的夹角。以投影线 Ox_k' 位于 Ox_g 轴的右边时 χ 为正。

(2) 航迹倾斜角(爬升角)γ:指航迹坐标系的 Ox_k 轴与水平面 Ox_gy_g 之间的夹角。以飞机向上飞时 γ 为正。按照习惯,爬升角 γ 的范围为 $-90° \leqslant \gamma \leqslant 90°$。

(3) 航迹滚转角 μ:由航迹坐标系与速度坐标系之间的关系定义,指速度坐标

系的 Oz_a 轴与包含飞行速度矢量的铅垂面之间的夹角。以无人机右倾时 μ 为正。

3. 无人机的气流角

无人机的气流角有两个,由速度坐标系与机体坐标系之间的关系来定义,如图 2-13 所示。

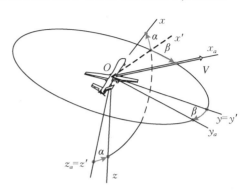

图 2-13　无人机的气流角

（1）迎角 α(angle of attack)：指速度轴 Ox_a 在无人机对称平面上的投影 Ox' 与机体轴 Ox 的夹角。速度轴 Ox_a 在无人机对称平面上的投影 Ox' 在机体轴 Ox 的下方时,迎角 α 为正。按照习惯,迎角 α 的范围为 $-180° \leqslant \alpha \leqslant 180°$。

（2）侧滑角 β(sideslip angle)：指速度轴 Ox_a 与无人机对称平面 Oxz 的夹角。速度矢量偏向无人机右方时侧滑角 β 为正。按照习惯,侧滑角 β 的范围为 $-90° \leqslant \beta \leqslant 90°$。

4. 机体坐标系的角速度分量

机体坐标系的三个角速度分量 (p, q, r) 是机体坐标系相对于地面坐标系的转动角速度 Ω 在机体坐标系各个轴上的分量。

（1）滚转角速度 p：与机体轴 Ox 重合一致。

（2）俯仰角速度 q：与机体轴 Oy 重合一致。

（3）偏航角速度 r：与机体轴 Oz 重合一致。

5. 机体坐标系的速度分量

机体坐标系的三个速度分量 (u, v, w) 是飞行速度 V 在机体坐标系各个轴上的分量。

（1）u：与机体轴 Ox 重合一致。

（2）v：与机体轴 Oy 重合一致。

（3）w：与机体轴 Oz 重合一致。

需要指出的是,坐标轴和无人机运动参数正负方向的确定都遵循右手定则。比如,以右手握住 z 轴,当右手四指从 x 轴正方向以 90° 转向 y 轴的正方向时,拇指的指向即为 z 轴的正方向。又如,在判断 ψ 角的正负时,以右手四指握 Oz_g 轴并指向 Ox_g 轴的方向,竖直的大拇指如与 Oz_g 轴的正方向一致,ψ 角便为正。

2.2.2　无人机运动的自由度

无人机运动自由度是确定无人机在空间中位置所需的最小坐标数。

把固定翼无人机视为刚体,按照刚体自由度的含义,无人机在空间运动时,可以分解为质心 O 的平动和绕通过质心的三个机体轴的定轴转动,显然,它既有平动自由度又有转动自由度。平动自由度确定无人机平动运动时所需要的最小坐标数,即质心的 3 个移动自由度;转动自由度描述无人机空间转动所需要的最小坐标数,即绕质心的 3 个转动自由度。因此,无人机在空间的运动有 6 个自由度,即质心的 3 个移动自由度和绕质心的 3 个转动自由度。对于固定翼无人机来说,质心的 3 个移动自由度是速度的增减运动、上下升降运动和左右侧移运动,3 个转动自由度是俯仰角运动、偏航角运动和滚转角运动。

固定翼无人机有一个对称面,可以假定无人机不仅几何外形对称,而且内部质量分布也对称。基于这一假设条件,可以把具有 6 个自由度的无人机运动用两组互不相关的运动微分方程来描述,每组微分方程包括 3 个自由度,即:

(1) 纵向运动——包括速度的增减、质心的升降和绕 Oy 轴的俯仰角运动。

(2) 横侧向运动——简称侧向运动,包括质心的侧向移动,绕 Oz 轴的偏航角运动和绕 Ox 轴的滚转角运动。

划分的理由是每一组内部各自由度之间的气动力交联比较强,而两组之间的气动力交联很弱。这样划分可使问题大为简化,且已被长期的实践证明是成功的。

2.2.3 无人机操纵机构参数

由于气动布局不同、大小不同,各种无人机的操纵机构不尽相同。无人机通过升降方向舵、副翼和油门等来控制,与有人机不同的是,油门杆、操纵杆、脚蹬等操纵机构从飞机平台上移到了地面控制站的飞行/任务监控席位中。无人机操纵机构参数的定义如图 2 - 14 所示。通常采用由机尾后视,按照操纵舵面的后缘偏转方向来定义操纵舵面的偏转极性。舵面偏转极性也可按右手定则来判断,当四指与舵面后缘转动方向一致时,大拇指方向若与坐标轴正方向一致时即为正值。

(1) 升降/方向舵等效的升降舵偏转角用 δ_e 表示,当等效升降舵的后缘向下偏时为正。

(2) 升降/方向舵等效的方向舵偏转角用 δ_r 表示,当等效方向舵的后缘向左偏时为正。

(3) 副翼偏转角用 δ_a 表示,当右副翼后缘下偏、左副翼后缘上偏时为正。

(4) 操纵杆横向偏转角用 d_a 表示,当操纵杆左偏时为正。

(5) 操纵杆纵向偏转角用 d_e 表示,当操纵杆前推时为正。

(6) 脚蹬偏转角用 d_r 表示,当左脚蹬向前右脚蹬向后时为正。

(7) 油门的偏转角 d_T 表示,推油门时为正。d_T 的正偏转会使发动机的推力增大。

控制无人机的目的是改变无人机的姿态或空间位置,并在受干扰的情况下保持无人机的姿态或位置,因而,必须对无人机施加力和力矩,使得无人机按牛顿力

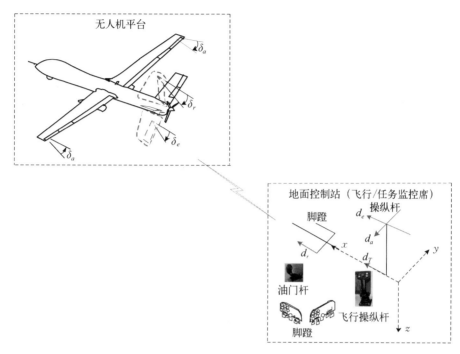

图 2 - 14   无人机操纵机构的参数

学定律产生运动。

作用于无人机上与控制有关的力和力矩主要是偏转控制面(即舵面)产生的空气动力和力矩。察打一体型无人机有三种操纵面——副翼(内侧、外侧)、襟翼和升降/方向舵(内侧、外侧),如图 2 - 15 所示。副翼位于无人机机翼外侧后缘,分为左内副翼、右内副翼、左外副翼、右外副翼,共四块,每个副翼舵面由一个舵机控制,用于控制无人机的滚转运动。襟翼位于无人机机翼根部,分左右两块,每个襟

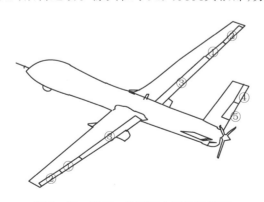

图 2 - 15   察打一体型无人机的操纵面

① 内侧副翼;② 外侧副翼;③ 襟翼;④ 外侧升降/方向舵;⑤ 内侧升降/方向舵

翼舵面由一个襟翼电动作动筒控制,在起飞、着陆阶段用于增加升力,实现降低着陆速度的目的。升降/方向舵在无人机 V 型尾翼上各有内外两块舵面,每个舵面由一个舵机控制,实现无人机的俯仰配平、航向增稳和协调转弯。

2.2.4　无人机机翼几何参数

翼型即翼剖面形状。如图 2-16 和图 2-17 所示,描述翼型的主要几何特征参数为翼弦长,描述典型机翼平面形状特征的主要参数有展弦比和翼平均几何弦长等。

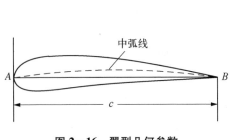

图 2-16　翼型几何参数

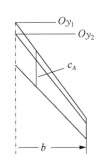

图 2-17　机翼平面形状几何参数

(1) 翼弦长 c(wind chord):翼型前缘点 A 到后缘点 B 的距离。

(2) 展弦比(aspect ratio): $A = \dfrac{b^2}{S_w} \times 100\%$。 其中,$b$ 为机翼展长(wing span),指左右翼梢之间垂直于无人机对称平面的直线距离;S_w 为机翼面积(wing reference area),指机翼在机翼平面上的投影面积。

(3) 翼平均几何弦长(wind mean geometric chord): $c_A = \dfrac{2}{S_w} \displaystyle\int_0^{b/2} c^2(y)\,\mathrm{d}y$, $c(y)$ 表示沿机翼展向坐标 y 处的翼弦长。

2.3　无人机姿态控制原理

本节简要分析作用在无人机上的气动力和气动力矩,阐述无人机俯仰角、滚转角和航向角的稳定与控制,以及增稳控制的基本原理。

2.3.1　无人机的气动力和气动力矩

关于作用在无人机上的气动力和气动力矩,本节的分析对象为大中型固定翼无人机,未涉及小型无人机和微型无人飞行器飞行动力学方面的特殊问题。

　　无人机在飞行过程中会受到各种外力和外力矩的作用,外作用力包括重力、气动力(升力、阻力与侧力)和发动机推力,外作用力矩包括气动力产生的力矩和因发动机安装位置和安装角产生的力矩。

2.3.1.1　气动力和气动力矩表示

1. 气动力表示

　　在大气中飞行的固定翼无人机,其表面分布着气动压力。分布的气动压力可归为一个作用于无人机质心的总空气动力矢量和一个总空气动力力矩矢量。平行于气流方向的力 D,称为阻力,阻力指向无人机机尾为正;垂直于无人机对称平面的力 Y(沿速度 Oy_a 轴),称为侧力,侧力指向无人机右侧为正;垂直于气流方向且在无人机对称平面内的力 L,称为升力,升力指向无人机上方为正。这符合速度坐标系的坐标方向,所以总的合力应按速度坐标系分解成 X_a、Y_a、Z_a,即 $D = - X_a$,$L = - Z_a$。空气动力学常采用无因次气动力系数形式。根据有关空气动力经验公式,可知当无人机的升力系数、阻力系数以及侧力系数一定时,无人机的升力、侧力和阻力与无人机的飞行速度、飞行高度以及气动外形有关,阻力系数、升力系数和侧力系数的定义式分别表示如下。

　　阻力系数(沿 Ox_a 轴的分量): $C_D = D/QS_w$,向后为正。

　　侧力系数(沿 Oy_a 轴的分量): $C_Y = Y/QS_w$,向右为正。

　　升力系数(沿 Oz_a 轴的分量): $C_L = L/QS_w$,向上为正。

　　以上各式中, $Q = \frac{1}{2}\rho V^2$ 为动压, ρ 为空气密度, V 为空速。

2. 气动力矩表示

　　将作用于无人机的总空气动力力矩矢量沿机体坐标系三个轴向分解为滚转力矩 $\bar{L}$、俯仰力矩 M 和偏航力矩 N。由于 $\bar{L}$ 使无人机产生绕机体坐标系 Ox 轴的滚转运动,称为滚转力矩;M 使无人机产生绕机体坐标系 Oy 轴的俯仰运动,称为俯仰力矩;N 使无人机产生绕机体坐标系 Oz 轴的偏航运动,称为偏航力矩。无人机以抬头为正,则俯仰力矩为驱使无人机绕机体坐标系横轴旋转时机头向上运动为正,同理,偏航力矩使无人机绕机体立轴旋转时机头向左运动为正,滚转力矩则是使无人机机身绕机体纵轴旋转时左机翼向下、右机翼向上运动为正。无因次力矩系数定义如下。

　　滚转力矩系数(绕 Ox 轴): $C_l = \bar{L}/QS_w b$。

　　俯仰力矩系数(绕 Oy 轴): $C_m = M/QS_w c_A$。

　　偏航力矩系数(绕 Oz 轴): $C_n = N/QS_w b$。

　　以上各式中,S_w 为机翼面积;b 为机翼展长;c_A 为机翼平均几何弦长。力和力矩系数中属于纵向的有 C_D、C_L 和 C_m,属于横侧向的有 C_Y、C_l 和 C_n。

2.3.1.2 无人机的气动力

1. 升力

无人机的升力由机翼的升力、机身的升力和水平尾翼的升力三部分组成,主要由机翼产生。大多数固定翼无人机以亚声速飞行,其上升力的产生与飞行速度和迎角有着密切关系。

1) 升力产生原理

当气流流过以亚声速飞行的机翼上表面时,流线变密,流管变细,而在机翼的下表面流线变疏,流管变粗,即机翼上表面的流管比下表面的流管细,如图2-18所示。根据空气动力学中的连续性定理和伯努利原理可知,在机翼的上表面由于流管的截面积减小,流速 V 增大,压强 P 减小,而在机翼的下表面由于流管的截面积增大,流速 V 减小,压强 P 增大。这样机翼的上下表面产生了压强差 ($P_1 < P_2$),形成总的空气动力。

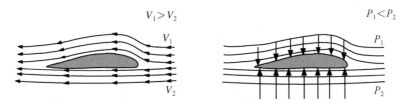

图 2-18 机翼升力的形成

2) 影响升力的几个因素

影响无人机升力的主要因素是迎角和马赫数。

无人机的升力主要来自飞机机翼,机翼迎角的变化直接导致无人机升力发生变化(相对气流方向指向机翼上表面时,为负迎角;相对气流方向与翼弦重合时,迎角为零),如图2-19所示,图中 AB 线段为机翼翼弦线延长线,机翼迎角为迎面气流与 AB 线段之间的夹角 α。因为机翼的气动结构,当飞机机翼翼弦线与迎面气流重合时已经具有了一定的升力系数,如图2-19(a)所示。当无人机机翼迎角增大时,机翼上表面凸度增大,机翼上表面流线谱密度增大,流速增大,压力减小,机翼产生的向上的升力增量 ΔL 增大,但随着迎角的增大,迎面气流可能不能流动到机翼上表面,流线上的动压全部变化为静压,如图2-19(b)中的 S 点,而机翼上表面

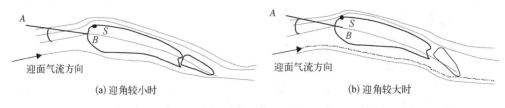

(a) 迎角较小时　　　　　　　　　　　(b) 迎角较大时

图 2-19 机翼迎角 α 大小与流线谱密度的关系

的流线谱密度减小,形成涡流区,反而使机翼上表面的前缘流线谱密度减小,流速下降,上表面的压力增大,从而机翼上、下表面压力差减小,即升力下降。

图 2 - 20 所示为无人机迎角与无人机升力系数的关系曲线,从曲线中可以看出机翼的升力系数在迎角 α 变化的一定范围内,与机翼迎角呈线性关系,当超过图中的失速迎角后,升力系数不升反降,无人机处于失速状态。

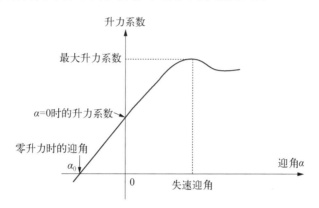

图 2 - 20 机翼迎角与升力系数关系曲线图

图 2 - 21 所示为超声速飞机在加速过程中升力系数的变化趋势,当飞机处于低声速飞行时,飞机升力系数基本不变,随着马赫数的增大,越接近声速,升力系数也越大,而当飞机处于超声速飞行状态时,升力系数不升反降,急剧减小。

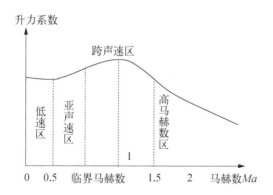

图 2 - 21 超声速飞机马赫数与升力系数关系

2. 阻力

无人机(一般 $Ma<1$)飞行时产生的阻力是低速阻力,主要有摩擦阻力、压差阻力、干扰阻力和诱导阻力。阻力受无人机迎角、外形、表面光洁度和密封性等因素影响。

无人机的摩擦阻力是指飞行中空气流过无人机表面摩擦而形成的阻力,其产生与空气具有黏性有关。压差阻力是一种由于机翼前后缘有压力差而引起的阻力。空气流过机翼的过程中,在机翼前缘部分,受机翼阻挡,流速减慢,压力增大;在机翼后部,由于气流分离形成涡流区,压力减小。从而在机翼前后产生压力差,阻碍无人机飞行,形成阻力。无人机的干扰阻力是将无人机各部分结合起来后,因气流相互作用、互相干扰而引起的一种附加阻力。诱导阻力是空气流过机翼后缘拖出的尾部涡流所诱生的阻力。由机翼本身的结构决定,当空气流过机翼产生升力时,下表面的压力比上表面的大,空气力图从下表面绕过翼尖部分而向上表面流去,这就使得翼尖部分的空气发生扭转而形成翼尖涡流,翼尖涡流使流过机翼的空气产生下洗气流,从而诱生附加阻力。

3. 侧力

无人机的侧力是其飞行速度矢量偏离对称平面时的气动力的分量,由于无人机外形沿 Oxz 平面对称,只有在不对称的气流作用下才会产生侧力。

1) 因侧滑运动产生的侧力

根据 2.3.1.1 节可知,侧力是总空气动力沿速度坐标系 Oy_a 轴的分量,向右为正。无人机在 $\beta \neq 0$ 时会产生侧力,其原理与迎角 α 产生升力的原理基本相同。以 V 型尾翼布局无人机为例,左、右两侧升降方向舵差动偏转时等效为方向舵偏转,当无人机出现右侧滑,即 $\beta > 0$ 时,等效方向舵左偏,无人机垂直尾翼左边与相对气流的夹角增大,垂直尾翼的左表面气流流速增加,压力减小,而其右表面气流流速减小,压力增大,在垂直尾翼上出现压差,产生负侧力。

2) 操纵方向舵偏转产生的侧力

以 V 型尾翼布局无人机为例,当无人机需要进行小角度转弯时,地面控制站中的飞行监控员通过差动前蹬脚蹬或发送遥调指令,控制无人机左、右两侧升降方向舵差动偏转(即等效方向舵偏转),导致等效垂直尾翼左、右两边气动布局不再对称,总空气动力将朝机身左边或右边倾斜,形成指向无人机机身两侧的侧力。等效方向舵偏转引起侧力的原理与升降舵偏转产生升力的原理类似,如图 2-22 所示。

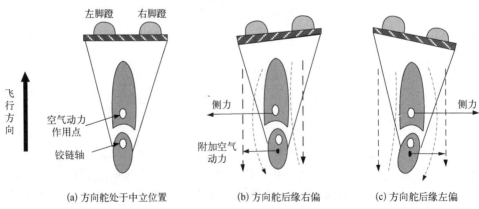

(a) 方向舵处于中立位置　　　(b) 方向舵后缘右偏　　　(c) 方向舵后缘左偏

图 2-22　升降方向舵偏转产生侧力示意图

2.3.1.3　无人机的气动力矩

1. 纵向气动力矩

无人机的纵向气动力矩根据无人机各部位产生的升力增量对无人机纵向俯仰姿态产生影响,可分为纵向操纵力矩、纵向稳定力矩、纵向阻尼力矩以及铰链力矩4类。

（1）无人机的纵向操纵力矩主要产生部位为升降舵,主要发生在爬升和下滑等需要改变无人机姿态的操纵阶段,其信号来源是地面控制站飞行监控席操纵杆或飞控计算机程控操纵指令。如图2-23所示,当人工操纵无人机时,飞行监控员前后移动操纵杆,迫使升降舵后缘向上或向下偏转,改变全机升力增量的大小,进而改变俯仰力矩,实现机头上抬或下俯。

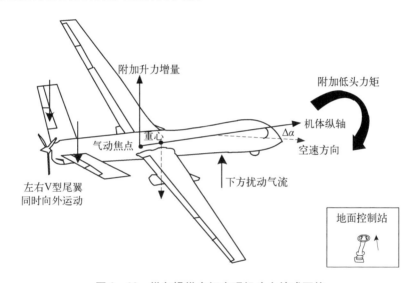

图 2-23　纵向操纵力矩实现机头上抬或下俯

（2）无人机的纵向稳定力矩是指使无人机恢复原运动姿态或基准运动的力矩,主要产生部位为升降舵。假设无人机处于定常直线平衡飞行状态,下方突然有瞬时扰流影响,使无人机突然抬头,产生+Δα变化,如图2-24所示。此时无人机受机头上仰的影响,机尾向下运动,相当于机尾下方迎面气流增加,机尾下表面空气压力增大,产生向上的升力增量,该增量的作用点位于无人机重心之后,形成纵向低头恢复力矩,促使无人机恢复原来迎角飞行,回到开始的基本运动状态。

（3）无人机的阻尼是指无人机在飞行过程中减少无人机因外来因素引起的振荡,提高飞行品质的能力。纵向阻尼力矩的产生部位是机身、机翼及平尾,它能减缓无人机的运动变化但不阻止运动。

（4）纵向铰链力矩也就是升降舵的气动负载,是指作用在舵面上的气动力的

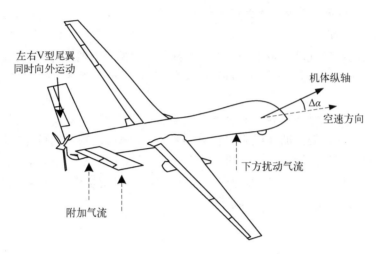

图 2-24　无人机受扰后机尾附加气流

合力对舵面铰链转轴所形成的力矩,取值大小与舵面的类型和几何形状、马赫数、迎角(或侧滑角)、舵面的偏转有关,其中舵面的偏转是主要原因。在舵面类型与几何形状一定的条件下,相同舵偏角产生的铰链力矩将随飞行状态的变化而变化。在同一飞行高度以亚声速飞行时,飞行速度越快,铰链力矩也越大;当无人机以同一速度飞行时,飞行高度越高,铰链力矩越小。铰链力矩的符号与舵面的气动焦点位置有关,当舵面转轴的位置在舵面的气动焦点之后,如图 2-25 所示,气动力合力产生的力矩使舵面后缘上偏为负铰链力矩,与之相反的负向升力增量产生的铰链力矩使舵面后缘下偏,为正向铰链力矩。

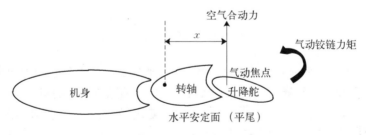

图 2-25　铰链力矩

2. 横侧向气动力矩

在无人机进行横侧向动作时,根据无人机部件对其横侧向姿态的影响,可以将横侧向力矩分为:横向操纵力矩、横向稳定力矩、横向阻尼力矩;航向操纵力矩、航向稳定力矩、航向阻尼力矩以及交叉力矩。

(1)横向操纵力矩。无人机的横向操纵力矩主要发生在无人机执行滚转动作时,产生部位为副翼。通过地面控制站飞行监控员左右移动操纵杆,或通过飞控计算机程控操纵指令,使左、右副翼后缘差动偏转,改变两侧机翼升力增量的大小,从而改变整个无人机的横滚力矩,使无人机实现机身左滚或右滚。

(2)横向稳定力矩。当无人机受扰发生横滚(倾斜)时,无人机的机翼和垂尾将产生当前滚转角姿态的稳定力矩。机翼的上反角设计可以增强无人机的横向稳定性。

(3)航向操纵力矩。无人机的航向操纵力矩主要发生在无人机航向偏离计划航线时,产生部位为方向舵。地面控制站中的飞行监控员通过差动前蹬脚蹬或发送遥调指令,使方向舵后缘向左、向右偏转改变垂尾两侧空气动力大小,从而改变整个无人机的航向力矩,使无人机实现机头的左、右偏航。

(4)航向稳定力矩。当无人机受扰发生偏航运动时,无人机的机翼和垂尾将产生航向稳定力矩。机翼的后掠角设计可以增强无人机的航向稳定性。

(5)横侧向阻尼力矩。包括横向阻尼力矩、航向阻尼力矩,产生的原因与纵向阻尼力矩类似,主要是阻止无人机横侧向的摆动,但不阻止无人机的运动,产生的部位主要是机翼、垂尾以及机身。

(6)交叉力矩。当无人机发生横滚(倾斜)姿态的改变时,不可避免地会引起航向的变化,而当无人机受扰出现航向偏离时,也会引起无人机的横滚(倾斜)姿态的变化。这种两者的相互影响称为交叉影响。因航向改变而引起横滚(倾斜)姿态变化的力矩称为航向交叉力矩,因无人机横滚(倾斜)运动而引起无人机航向改变的力矩称为横向交叉力矩。

2.3.2　无人机姿态角运动稳定与控制

无人机姿态角的稳定与控制是自动飞行控制系统的基本工作方式,也是实现无人机航迹控制的基础。无人机姿态角的稳定与控制包括俯仰角 θ、滚转角 ϕ 和航向角 ψ 的稳定与控制。

2.3.2.1　姿态角运动控制律

无人机飞控计算机对输入信号进行数据处理后,通过舵机控制器驱动舵机舵面偏转,因此,对输入信号进行处理时必须按照一定的控制律完成。所谓自动飞行控制律就是将无人机舵面偏转角度与综合控制信号之间的关系形成一定的规律,从而实现无人机飞行姿态和飞行航迹的自动稳定控制。自动飞行控制律的输入控制信号为无人机的姿态角位移或操纵杆传感器信号,输出信号为主活动舵面(升降舵、方向舵、副翼)偏转驱动控制信号,当主活动舵面产生偏转运动后,无人机机翼的气动外形改变,从而改变了无人机的升力增量,该升力增量的改变将直接影响无人机姿态参量的变化。无人机的姿态角运动控制律按照其控制规律分为比例式控制律和积分式控制律两种。

1. 比例式控制律

比例式控制律是指无人机舵面偏转角与姿态角呈线性比例关系,按照姿态控制通道分为俯仰比例控制律、滚转比例控制律和航向比例控制律。

1)俯仰比例控制律

图 2-26 所示为俯仰比例控制原理图。图中俯仰角测量元件 AB 为与无人机俯仰角成线性的电位计,当无人机纵轴 Ox 与水平面 Ox_gy_g 平行时,电位计输出电压为 0,无人机抬头时输出正的电位信号;舵面偏转角度测量元件 CD 为与舵面偏转角度成正比的电位计,当舵面处于中立位置时电位计输出电压为 0,两电位计都固连在无人机壳体上,滑动头即为电位计的电刷,可以在惯性或传动杆力的作用下在电位计上滑动,从而输出与无人机运动有关的电信号,完成无人机运动到电信号之间的转换,飞行监控员指令给出无人机俯仰角指令 θ_g。

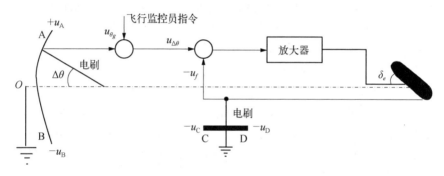

图 2-26 俯仰比例控制原理图

俯仰比例式控制律为

$$\delta_e = L_\theta(\theta - \theta_g) \qquad (2-1)$$

式中,δ_e 为升降舵偏转角;L_θ 为俯仰角信号传动比,定义为单位俯仰角变化 $\Delta\theta = \theta - \theta_g$ 所产生的升降舵偏转角度 δ_e,L_θ 越大,控制律修正升降舵偏转角度的能力越大,无人机恢复给定俯仰角的速度越快,也就是无人机的操纵性越好。式(2-1)采用了位置反馈,也就是舵面的偏转受无人机俯仰角偏差的控制,若无人机的俯仰角与期望俯仰角相同,则 $u_{\Delta\theta}$ 为 0。在实际飞行中,无人机的姿态还受其他很多因素的影响,如无人机的迎角、飞行速度等,因此在对舵面进行控制时还需要加入其他控制量,具体原理如图 2-27 所示。

假设无人机以配平迎角作水平直线飞行,受到某种外界因素影响导致无人机机体抬头,使 $\Delta\theta$ 出现正变化。根据式(2-1)所示的控制律,无人机的升降舵随之产生正向偏转(升降舵后缘向下偏转 $\delta_e > 0$),无人机尾翼上表面曲度增大,升力增量 ΔL 增大,产生低头力矩使无人机低头,减小无人机的俯仰角变化。但由于舵面

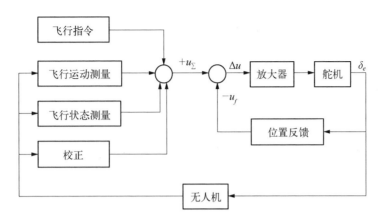

图 2 - 27　比例式控制律原理框图

为刚体,其运动将因惯性作用可能超过控制律所计算的偏转角度,导致尾翼的升力增量变化过大,使无人机低头动作幅度过大,不能按给定俯仰角停下,从而出现反向的俯仰控制,如此反复形成振荡现象,使得无人机姿态稳定的时间延长,无人机的动态品质大大降低,为了提高无人机的动态品质,按照测速反馈原理,可以将俯仰角速度引入控制律的综合信号中,产生附加的舵偏角和附加的俯仰控制力矩,阻止无人机振荡现象的产生。此时,控制律在式(2-1)基础上变为

$$\delta_e = L_\theta(\theta - \theta_g) + L_{\dot{\theta}}\Delta\dot{\theta} \qquad (2-2)$$

式中,$L_{\dot{\theta}}$ 为俯仰角速度传动比;$\dot{\theta}$ 为俯仰角速度。式(2-2)的控制律称为比例-微分(proportional derivative,PD)控制律。

2) 滚转比例控制律

类似俯仰比例控制律,可以得到无人机滚转比例控制律,如式(2-3)所示。

无阻尼信号时,

$$\delta_a = L_\phi(\phi - \phi_g) \qquad (2-3)$$

含阻尼信号时,

$$\delta_a = L_\phi(\phi - \phi_g) + L_{\dot{\phi}}\dot{\phi} \qquad (2-4)$$

式中,ϕ 为无人机的滚转角,无人机左滚转为正;ϕ_g 为预定滚转角;$\dot{\phi}$ 为滚转角速度;L_ϕ 为滚转角传动比;$L_{\dot{\phi}}$ 为滚转角速度传动比;δ_a 为副翼偏转角度,右副翼后缘向下、左副翼后缘向上为正。L_ϕ 越大,无人机修正角度偏差的速度越快,操纵性越好,但稳定性会降低;$L_{\dot{\phi}}$ 越大,无人机的横向稳定性越好。

3) 航向比例控制律

无人机航向比例控制律有多种选择,以常见的协调控制方向舵和副翼修正航

向角的比例控制律为例进行说明,其表达式为

$$\delta_a = L_\phi(\phi - \phi_g) + L_{\dot\phi}\dot\phi - L_\psi(\psi - \psi_g)$$
$$\delta_r = L_{\dot\psi}\dot\psi - L_\phi(\phi - \phi_g) \tag{2-5}$$

式中,ψ 为无人机的航向角,无人机左偏航为正;ψ_g 为预定航向角;$\dot\psi$ 为偏航角速度;L_ψ 为偏航角传动比;$L_{\dot\psi}$ 为偏航角速度传动比;δ_r 为方向舵偏转角度,方向舵后缘向右为正。若因某种原因无人机出现左偏航趋势,该偏航极性驱动方向舵后缘向右偏转阻止机头继续左偏航,使无人机恢复原偏航姿态飞行。此外,垂尾(或等效垂尾)产生的附加压力作用导致总气动力向右倾斜,该总气动力的作用点位于无人机重心之上,形成使无人机绕机体纵轴向右倾斜的滚转力矩;同时,偏航角的变化促使无人机副翼产生负极性偏转(左副翼向上,右副翼向下),形成使无人机机身向左滚转的滚转力矩。在两种力矩的协调作用下,无人机将保持零滚转姿态飞行。

2. 积分式控制律

以俯仰控制律为例,积分式控制律原理如图 2-28 所示,舵面偏转角速度与无人机的姿态角速度呈线性比例关系,舵面偏转与姿态角的时间积分量成比例。

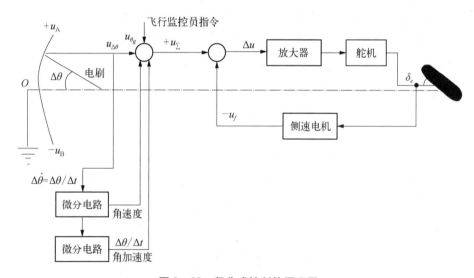

图 2-28 积分式控制律原理图

俯仰积分式控制律为

$$\dot\delta_e = \frac{\mathrm{d}\delta_e}{\mathrm{d}t} = L_\theta(\theta - \theta_g) + L_{\dot\theta}\Delta\dot\theta + L_{\ddot\theta}\Delta\ddot\theta \tag{2-6}$$

将式(2-6)积分后,可得

$$\delta_e = \int L_\theta (\theta - \theta_g) \mathrm{d}t + L_{\dot\theta} \Delta\theta + L_{\ddot\theta} \Delta\dot\theta \qquad (2-7)$$

式中，$\Delta\ddot\theta$ 为俯仰角加速度；$L_{\ddot\theta}$ 为俯仰角加速度传动比。

在积分式控制律中，俯仰角速度控制舵面偏转角速度，当无人机受扰抬头时，与无人机抬头速度成正比例的角速度信号，驱动升降舵后缘以相应的角速度向下偏转，产生低头力矩，使无人机恢复基准运动姿态；在无人机恢复基准运动姿态的过程中，无人机俯仰角速度也在减小，俯仰角加速度变成负值对修正过程起阻尼作用，保证无人机飞行姿态的稳定，抑制振荡；而俯仰角偏差信号对舵面的作用取决于角偏差信号对时间的积分，若角偏差信号恒定，使得舵偏转速度恒定，则无速度反馈信号，如式(2-8)所示，从而消除了常值静差的影响。

$$\delta_e = \int L_\theta (\theta - \theta_g) \mathrm{d}t \qquad (2-8)$$

2.3.2.2　姿态角稳定与控制

按照姿态角运动控制律，分析俯仰角 θ、滚转角 ϕ 和航向角 ψ 的稳定与控制过程。

1. 纵向姿态角稳定与控制

设无人机作等速直线水平飞行，航迹倾斜角 $\gamma_0 = 0$，配平迎角 $\alpha_0 > 0$，且有 $\alpha_0 = \theta_0$，俯仰角稳定控制律为式(2-2)所示 PD 控制律。

假设 $\theta_g = 0$，无人机受扰后出现俯仰角初始偏差 $\Delta\theta > 0$，在控制律作用下，产生舵偏角增量 $\Delta\delta_e > 0$，升降舵下偏，产生低头操纵力矩，使得无人机绕 Oy 轴反向转动，此时有 $\dot\theta < 0$，将产生一个纵向阻尼力矩，阻碍无人机的低头运动，开始时由于操纵力矩大于阻尼力矩，$\Delta\theta$ 将逐渐减小，但随着 $\Delta\theta$ 的减小，控制力矩减小，阻尼力矩也将减小，最终趋于稳态时纵向力矩平衡，有 $\Delta\theta = 0$，$\dot\theta = 0$。

最初阶段无人机法向各力处于平衡状态，当无人机纵轴 Ox 向下转动时，空速向量 V 来不及转动，迎角 α 减小，产生迎角负增量 $\Delta\alpha = \alpha - \alpha_0 < 0$。随着无人机 Ox 向下转动，迎角负向增大，升力减小，等同于产生了一个垂直向下的力，使空速矢量向下转动。随着俯仰角偏差 $\Delta\theta$ 的逐渐减小，操纵力矩减小，迎角负向增长变慢，到达某个临界值 $\Delta\alpha_m$ 后，无人机纵轴 Ox 与空速 V 转动的速度相同，负迎角值不再增加。此后空速向量转动速度超过飞机纵轴，迎角负值变小。直到趋于稳态时，保持法向力平衡，$\Delta\alpha = 0$ 为止。俯仰角稳定过程曲线如图 2-29(a)所示。

假设 $\theta_g > 0$，根据式(2-2)，由控制律产生升降舵偏转角 $\delta_e = L_\theta (\theta - \theta_g) < 0$，升降舵上偏，产生抬头力矩，无人机绕 Oy 轴向上转动，$\Delta\theta$ 增加，同时出现 $\dot\theta > 0$，$\Delta\alpha > 0$，其余过程类似俯仰角的稳定过程，过渡过程曲线如图 2-29(b)所示。

无人机的俯仰角速度（相当于对俯仰角进行微分）的变化总是超前于俯仰角

的变化,当俯仰角 $\Delta\theta$ 减小时, $\dot{\theta} = \mathrm{d}\theta/\mathrm{d}t$ 为负值,如图 2 - 29(a) 所示,此时虽然 $\Delta\theta$ 大于 0,为升降舵提供使之正向偏转的操纵力矩,但 $L_{\dot{\theta}}\Delta\dot{\theta}$ 能给升降舵提供与之相反的阻尼力矩,从而改善俯仰角控制的阻尼特性,有效地抑制振荡,提高了无人机的稳定性。 $L_{\dot{\theta}}$ 越大,无人机的稳定性越好。

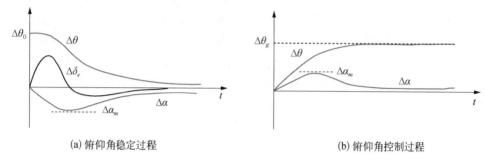

(a) 俯仰角稳定过程 (b) 俯仰角控制过程

图 2 - 29 俯仰角稳定与控制过程曲线

2. 横侧向姿态角稳定与控制

无人机横侧向姿态的稳定与控制,用于保证高精度的滚转角 ϕ 和航向角 ψ 的稳定与控制,以实现品质满意的转弯飞行。

无人机横侧向运动中,滚转与航向高度耦合,必须进行协调控制,否则会产生较大的侧滑角 β。在滚转角控制中,采用滚转控制律,同时将副翼控制信号通过传递后送入方向舵控制通道,实现滚转和航向的协调控制。在航向控制时,需要同时控制无人机的方向舵和副翼,以实现无人机滚转与航向的协调控制。一般无人机的航向控制器是在滚转角控制器也就是侧向运动基本控制器的基础上构建的。航向角的稳定与控制过程类似于俯仰角的稳定与控制过程,不同的是其稳定与控制需要滚转与航向协调控制,控制舵面对应的为副翼和方向舵。

2.3.3 无人机增稳控制

稳定性是指无人机在受到外加干扰的情况下,当干扰作用消除后,地面控制站中的飞行监控员不做任何操纵,无人机自动恢复到原始平衡状态的能力。只有无人机按照基准运动规律运动时,才能控制无人机由遥控状态进入自主飞行状态,根据控制指令保证无人机顺利完成作战任务。若能提高无人机的稳定性,当飞行过程中受到小扰动时才能保证无人机不会出现大幅度的振荡运动,提高飞行安全。稳定性分为静稳定性和动稳定性,是无人机自动飞行控制要达到的最基本、也是最重要的运动特性。静稳定性是指在外干扰停止作用的最初瞬间,无人机运动参数变化的趋势。动稳定性是指外干扰停止作用以后,无人机按扰动运动规律运动并最终恢复到原始平衡状态的能力。

如图 2-4 所示,无人机姿态控制可以采用人工增稳飞行控制模式,即使用视距数据链进行人工遥控操纵无人机,人工杆舵指令经过控制增稳作用于无人机。从飞行控制的角度看,提高无人机稳定性的控制系统主要有阻尼器、增稳系统和控制增稳系统,通常以迎角、过载和角速率为反馈,改善无人机的稳定性,实现三轴控制增稳。无人机可以融合这三种控制方式,执行自主稳定性控制或遥控稳定性控制。

2.3.3.1 阻尼器

阻尼器通过引入无人机角速度的负反馈,可有效抑制无人机角速度的变化,稳定无人机角速度,相当于增大无人机运动的阻尼,抑制振荡,增加了无人机的稳定性。无人机与阻尼器构成的闭环反馈系统,相当于一架阻尼比得到改善的新无人机。无人机-阻尼系统如图 2-30 中的内反馈回路所示。无人机角运动分为绕机体三个坐标轴的角运动,因而相应有俯仰、滚转、偏航阻尼器,增加俯仰、滚转、偏航方向的阻尼,使其在受到小扰动时能够快速收敛,使无人机的飞行状态变化较小。

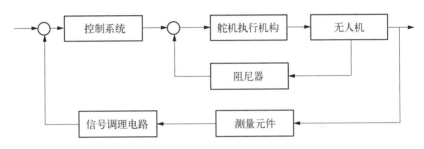

图 2-30 无人机-阻尼系统框图

由图 2-30 可知,阻尼器在整个飞行控制系统中实质上是一个反馈校正装置,位于系统的局部反馈通道中,单通道无人机-阻尼系统回路如图 2-31 所示。阻尼器通常采用比例-积分(proportional integral, PI)控制,以角速率陀螺敏感无人机的

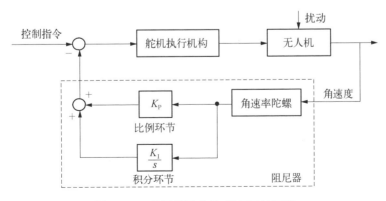

图 2-31 单通道无人机-阻尼系统回路

角速度作为 PI 控制的输入信号,经过比例环节来抑制无人机绕机体轴的转动,经过积分环节获得无人机的姿态角度,以角度作为负反馈信号,稳定无人机的姿态角,使无人机恢复到受扰动之前的状态。这个反馈回路相当于增大无人机运动的阻尼,抑制振荡,改善了无人机的动稳定性。比例、积分环节的控制参数 K_P、K_I 根据工程经验值预先设定,通过飞行试验进行验证、更新,最后确定。

2.3.3.2　增稳系统

无人机的静稳定性是反映无人机飞行品质的重要指标,随着飞行包线的不断扩大,在亚声速阶段,大中型固定翼无人机的静稳定性往往不足,从而造成其稳定性不够,无人机难以被操纵或超控。无人机的静稳定性与其气流角 α 或 β 有关,要改变无人机的静稳定性,一般在阻尼器系统的基础上引入气流角 α 或 β,或与之相关的反馈(如过载信号),增加无人机的静稳定性。单通道无人机-增稳系统工作原理如图 2-32 所示,通过角速率陀螺或加速度计测量无人机绕机体轴的角速度、过载或迎角或侧滑角,将这些运动参量转换成电信号,馈送到飞控计算机,根据预先设计的控制律解算出舵面偏转的指令,再将指令传送给执行舵机,驱动无人机舵面偏转,并因此产生气动力矩改变无人机的飞行状态,为无人机提供附加的运动阻尼和静稳定性。

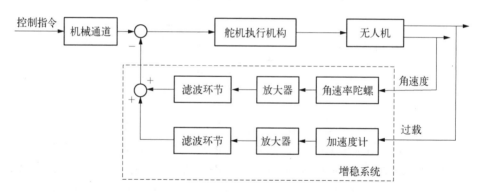

图 2-32　单通道无人机-增稳系统回路

2.3.3.3　控制增稳系统

阻尼器和增稳系统提高了无人机的运动阻尼和静稳定性,改善了无人机的稳定性,但却降低了无人机对操纵指令的响应,牺牲了操纵性。同时,增稳系统无法解决非线性操纵指令问题,即当无人机进行大机动飞行时,要求无人机具有较高的操纵灵敏度,而做小机动飞行时,要求无人机有较小的操纵灵敏度。

如图 2-33 所示,控制增稳系统在增稳系统基础上引入无人机运动参量反馈的同时,又将遥控操纵指令(如位移量)输送到增稳回路,是一种叠加遥控指令的增稳系统。阻尼器用于增大阻尼(改善动稳定性),增稳系统和控制增稳系统分别用于增加静稳定性和改善操纵性。遥控操纵指令信号经指令模型 $M(s)$，形成满足操纵要求的电信号，再与增稳回路的反馈信号综合后驱动升降舵面偏转。

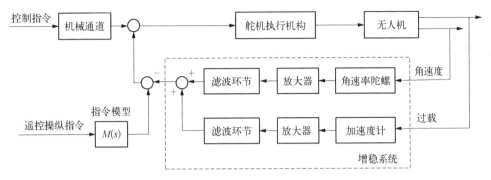

图 2 - 33　单通道无人-控制增稳系统回路

由于电气通道采用前馈形式，因此可以使系统的开环增益很高，同时又不会减小系统的闭环增益而降低操纵性，这是控制增稳系统的显著特点之一。利用这一特点可以提高前馈电气通道的增益，补偿由于增稳反馈回路增益取值很大时所造成的系统闭环增益减小问题，从而改善系统的操纵特性。

2.4　无人机航迹控制原理

飞行控制的最终目的是使无人机以足够的准确度保持或跟踪预定的飞行航迹。2.3 节讲述了无人机姿态控制原理，但姿态控制器不能使无人机始终保持在一条航迹上飞行。因此，必须由飞行监控员或由外控制回路来引导无人机，这类通过外控制器自动控制无人机飞行航迹的系统称为制导系统，它是在姿态角控制系统基础上形成的。

无人机航迹控制分为航迹稳定控制和预定航迹控制，包括飞行高度稳定控制、侧向偏离稳定控制和速度与马赫数控制。无人机有前后、左右和上下三个方向的航迹运动，最关注的是无人机左右和上下的航迹运动。无人机上下运动航迹的控制即飞行高度的稳定控制，左右运动航迹的控制即侧向偏离的稳定控制，前后运动航迹的控制即速度与马赫数控制。

2.4.1　飞行高度稳定控制

飞行高度的稳定控制在无人机编队、巡航、进场着陆、空中盘旋等飞行阶段中具有十分重要的作用。飞行高度的稳定控制不能由俯仰角的稳定与控制来完成，飞行高度控制系统必须有测量相对给定高度偏差的测量装置，即高度差传感器（如气压式高度表、无线电高度表和大气数据传感器等）。

高度稳定控制原理如图2-34所示,包括内回路和外回路,内回路为俯仰角姿态控制系统,外回路为高度差反馈回路。飞行高度控制系统通过高度差传感器测得无人机的实际高度H,与无人机预定高度H_g比较得到高度差$\Delta H(\Delta H = H - H_g)$,然后根据高度差的正负和数值对无人机的俯仰姿态进行控制,改变无人机航迹倾斜角和俯仰角,使无人机回到预定高度。

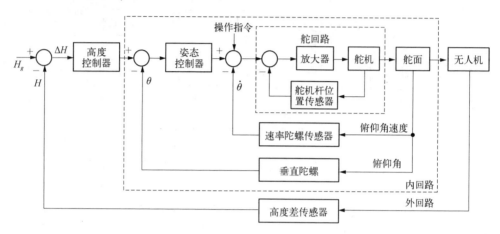

图2-34 飞行高度稳定控制原理框图

高度稳定的控制律为

$$\delta_e = L_\theta(\theta - \theta_g) + L_{\dot\theta}\Delta\dot\theta + L_H(H - H_g) + L_{\dot H}\Delta\dot H \qquad (2-9)$$

式中,δ_e为升降舵偏转角;L_H为高度差传动比;$\dot H$为高度差变化率,也就是垂直速度;$L_{\dot H}$为高度差变化率传动比,数值越大,无人机高度稳定性越好。

在飞行高度自动稳定控制律中,通常规定飞行高度低于预定高度时,高度差信号$\Delta H < 0$,反之则$\Delta H > 0$,根据式(2-9),舵面的偏转方向与高度差信号极性相同,高度差信号ΔH总是驱使舵面向着纠正高度差的方向偏转,在高度控制中起稳定作用;俯仰角信号$\Delta\theta$(抬头为正)总是抵消高度差信号的作用,阻止无人机向原高度恢复,对高度稳定控制起阻尼作用。

式(2-9)中,高度差传动比体现了飞行高度控制系统的纵向高度操纵性,其值L_H越大,在同样高度偏离情况下,升降舵偏转越大,迎角增量越大,升力也越大,无人机恢复给定高度的时间越短;高度差变化率信号传动比表现为无人机的纵向高度稳定性,其值$L_{\dot H}$越大,爬升速度越大,舵面向下(或向上)偏转越大,从而促使舵面迅速回收,起阻尼作用。

2.4.2 侧向偏离稳定控制

无人机侧向偏离稳定控制与前述飞行高度稳定控制的原理类似,只是侧向偏离稳定控制建立在偏航角和滚转角稳定控制律的基础上,一般采用无人机倾斜转弯方式来稳定和控制侧向距离。对于侧向偏离控制系统而言,航向和滚转两个通道的协调控制方法与侧向角姿态控制运动的控制方法一致,都是采用副翼和方向舵协调动作进行侧向偏离稳定控制。

侧向偏离稳定控制原理如图 2-35 所示,类似飞行高度稳定控制系统,包括内回路和外回路,内回路为侧向角姿态控制系统,外回路为航向角反馈回路。侧向偏离控制系统通过航向传感器测得无人机的航向角,与无人机计划航向角比较得到偏航角,然后根据偏航角的正负和数值对无人机的侧向姿态进行控制,协调改变无人机航向角和滚转角,使无人机回到计划航线。图 2-35 中加入了侧向加速度参量 N_β 的目的是消除可能产生的侧滑。

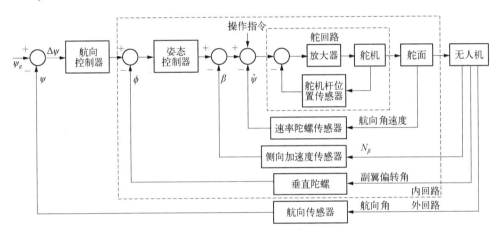

图 2-35 侧向偏离稳定控制原理框图

侧向偏离稳定的控制律为

$$\delta_a = I_\phi \phi - I_\psi (\psi - \psi_g) + I_y (y - y_g)$$
$$\delta_r = K_{\dot{\psi}} \dot{\psi} + K_\psi \psi \tag{2-10}$$

式中,δ_a 为副翼偏转角;δ_r 为方向舵偏转角;y 为实际侧向偏离;y_g 为预定侧向偏离;$\Delta y = y - y_g$,为侧向偏离量;I_ϕ 为副翼通道滚转角传动比;I_ψ 为副翼通道偏航角传动比;I_y 为侧向偏离传动比;$K_{\dot{\psi}}$ 为偏航角速度传动比;K_ψ 为航向通道偏航角传动比。

在侧向偏离控制律中,通常规定无人机位于计划航线右侧时,其偏离量 $\Delta y > 0$,根据式(2-10),该侧向偏离信号使副翼舵面向着纠正侧向偏离的方向偏转,舵面的偏转方向与侧向距离偏离信号极性相同,在侧向偏离控制中起稳定作用;而航向角信号 $\Delta \psi = \psi - \psi_g$ 总是抵消侧向偏离信号的作用,阻止无人机向原计划航线恢复,对侧向偏离稳定控制起阻尼作用,同时该航向角信号驱使方向舵向着纠正偏航角的方向偏转,舵面的偏转方向与偏航角信号极性相同,在航向控制中起稳定作用;航向角速度信号使无人机产生方向舵偏转角度的变化,偏转速度越大,舵面向右偏转越大,从而促使舵面迅速回收,起阻尼作用;滚转角信号使副翼舵向着纠正滚转角方向偏转,舵面的偏转方向与滚转角信号极性相同,在横向控制中起稳定作用。

侧向偏离传动比 I_y 越大,在同样侧向偏离的情况下,副翼偏转越大,正侧滑角增量越大,负升力也越大,无人机恢复计划航线的时间越短。

综合 2.4.1 节和 2.4.2 节可以看到,不管是飞行高度稳定还是侧向偏离稳定,其实质都是落到姿态控制系统对无人机姿态角的稳定,姿态控制系统通过敏感无人机姿态角的变化和现有状态,实现对舵面偏转角度的控制,最终实现无人机航迹的稳定控制。

2.4.3 速度与马赫数控制

无人机飞行速度和马赫数(Ma)是十分重要的状态参数,也是航迹控制中主要参数。随着无人机所执行任务复杂度的提高,对导航、引导、自动着陆等飞行航迹控制的精度要求不断提高,对空速的控制精度提出了严格要求。因此,速度或马赫数控制系统成为大中型无人机飞行控制系统的一个重要子系统。

如 2.4.2 节所述,无人机的航迹控制是通过控制无人机的角运动来实现的,但是这里有一个前提,那就是认为速度保持不变。事实上,若没有速度或马赫数控制系统,在无人机低动压飞行或长时间机动飞行时,就不能保证这个前提。图 2-36 为飞机分别在无速度控制和有速度控制时,俯仰角控制系统输入为 10°时的阶跃响应曲线。比较这两组曲线可以明显看出,当没有速度控制系统时,如图 2-36(a)所示,只通过操纵俯仰角 θ 来控制航迹俯仰角 γ,从而控制飞机的航迹是不可能的。若没有速度控制,飞机爬升时势能增加则动能必然减小,即 $\Delta V < 0$,将产生 $\Delta \gamma < 0$,从而对航迹控制产生影响。

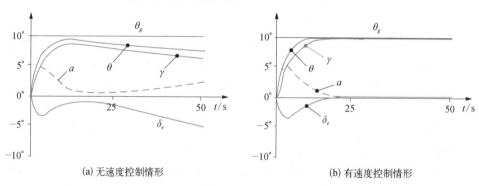

(a) 无速度控制情形 (b) 有速度控制情形

图 2-36 俯仰角控制系统响应曲线

纵向运动的控制量一般有两个,即升降舵偏转角和油门开度。升降舵的偏转可使俯仰角和空速显著变化。油门的变化可使俯仰角和航迹倾斜角显著变化,但空速却变化不大。如果升降舵和油门同时变化,则可使俯仰角和空速均显著变化。因此,速度控制方案有升降舵控制和自动油门控制两种方案。

2.4.3.1　升降舵控制速度

升降舵控制速度方案通过升降舵偏转来改变俯仰角,从而实现控制速度,其物理实质是:通过升降舵偏转改变俯仰角 θ 和迎角 α,改变重力在空速方向上的投影,引起飞行加速度变化,从而控制空速。

升降舵控制速度原理如图 2 - 37 所示,类似飞行高度和侧向偏离控制系统,包括内回路和外回路,内回路为俯仰角姿态控制系统,外回路为空速反馈回路。速度控制子系统通过空速传感器测得无人机的实际空速 V,与无人机预定空速 V_g 比较得到速度差 $\Delta V = V - V_g$,然后根据速度差的正负和数值对无人机的俯仰姿态进行控制,改变无人机俯仰角,实现无人机重力在空速方向上投影的变化,使无人机回到预定空速。

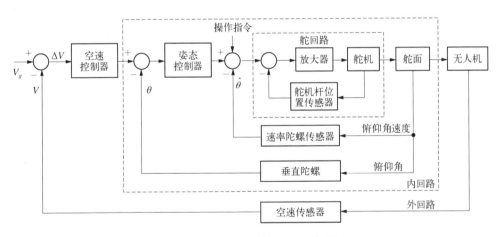

图 2 - 37　空速保持控制原理框图

2.4.3.2　自动油门控制速度

自动油门控制速度方案通过控制自动油门的大小改变发动机的推力,从而实现控制速度的目的。自动油门控制速度原理如图 2 - 38 所示,纵向飞行控制系统有两种工作方式,一种方式工作于高度 H 稳定状态,另一种方式工作于俯仰角 θ 稳定状态。

两种方式下纵向飞行控制系统工作状态不同,使得两种速度控制方案存在差异:

(1) 如果纵向飞行控制系统工作在高度保持状态,空速向量处于水平方向,则

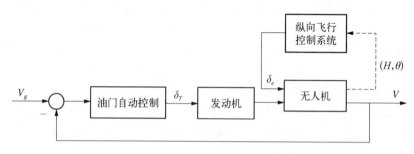

图 2-38　自动油门控制速度原理框图

注：无人机与纵向飞行控制系统用虚线连接，没有标明具体测量的变量，可以是高度 H，也可以是俯仰角 θ。

重力在切向上的投影为 0。若增大油门，则发送机的推力增量将全部反映在增大空速上。

（2）如果纵向飞行控制系统工作在俯仰角保持状态，则通过控制油门产生的发动机推力的变化，只有一部分反映在空速中。因为当进行无滚转角飞行时，俯仰角 $\Delta\theta$ 与迎角 $\Delta\alpha$ 和航迹倾斜角 $\Delta\gamma$ 满足关系式 $\Delta\theta = \Delta\alpha + \Delta\gamma$，所以除了反映在空速变化中的发动机推力之外，其余部分的发动机推力只引起了迎角 $\Delta\alpha$ 和航迹倾斜角 $\Delta\gamma$ 的变化和高度的变化。

2.5　本　章　小　结

本章首先阐述了无人机飞行控制的特点、结构、回路和模式，接着介绍了无人机空间运动表示，最后重点讲述了无人机的姿态控制原理和航迹控制原理。

与有人机飞行控制相比，无人机飞行控制呈现出"机-站-链"大闭环控制、综合化程度高、多机自主协同等特点；作为"机-站-链"控制结构的关键部分，按照负反馈控制原理，无人机平台的飞行控制回路可以划分为舵回路、增稳回路、稳定回路和制导回路四个回路；无人机系统主要包括自主飞行、半自主飞行和人工操纵飞行三种控制模式。

以固定翼无人机为例，常用的坐标系有地面坐标系、机体坐标系、航迹坐标系和速度坐标系；无人机运动参数有姿态角、航迹角、气流角三类 8 个角度；无人机有 6 个运动自由度，即速度增减运动、上下升降运动、左右侧移运动、俯仰角运动、偏航角运动和滚转角运动；由于气动布局不同、大小不同，各种无人机的操纵机构不尽相同。

无人机姿态角稳定控制是自动飞行控制系统的基本工作方式，包括无人机俯仰角、滚转角和航向角的稳定与控制；从飞行控制的角度看，提高无人机稳定性的控制系统主要有阻尼器、增稳系统和控制增稳系统,通常以迎角、过载和角速率为反馈,改善无人机的稳定性,实现三轴控制增稳。

不管是飞行高度稳定还是侧向偏离控制,其实质都是落到姿态控制系统对无人机姿态角的稳定上,姿态控制系统通过敏感无人机姿态角的变化和现有状态,实现对舵面偏转角度的控制,最终实现无人机航迹的稳定控制。

思　考　题

1. 与有人机飞行控制相比,无人机飞行控制呈现出了哪些新的特点?

2. 无人机的控制回路有哪些? 各回路的功用是什么?

3. 无人机的控制模式有哪些? 各控制模式如何实现对无人机的控制?

4. 无人机的运动自由度有哪些? 各个自由度描述的物理运动是什么?

5. 以察打一体型无人机为例,简述其操纵面的偏转极性与操纵力矩极性的关系。

6. 亚声速无人机升力产生的原理是什么?

7. 从控制律、信号作用角度,对比说明比例式和积分式控制律的联系和区别。

8. 说明俯仰角姿态控制系统的基本原理,并分析一阶微分信号的作用。

9. 对比说明阻尼系统、增稳系统、控制增稳系统的联系和区别。

10. 说明高度稳定系统的基本原理,并分析各个信号的作用。

11. 自动油门控制速度有哪两种控制方案? 两种速度控制方案存在哪些差异?

第三章
无人机卫星导航原理与技术

【知识导引】

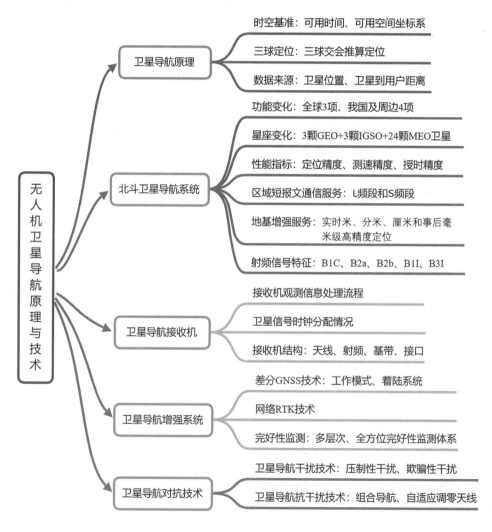

无人机"机上无人"的特点,决定了无人机自主导航系统的作用更加突出。卫星导航系统是无人机完成自主导航的重要载体,是实现惯性导航/卫星组合导航的重要组成部分。本章从卫星导航的基本原理、实际系统、导航接收机、导航增强、导航对抗五个方面,简要阐述无人机卫星导航的相关原理与技术,主要包括卫星导航原理、北斗卫星导航系统(BeiDou Navigation Satellite System, BDS)、卫星导航接收机、卫星导航增强系统、卫星导航对抗技术等内容,为地面站实时遥控、遥测无人机飞行状态奠定技术基础。

3.1 卫星导航原理

本节阐述卫星导航的原理,主要内容包括卫星导航时空基准、三球定位和数据来源,并结合无人机实际使用情况分析使用时的注意事项。

3.1.1 时空基准

卫星导航系统使用的时空基准包括可用时间和可用空间坐标系两个方面。

可用时间包括日历、国际原子时、协调原子时、恒星时、协调世界时和北斗时等。北斗系统的时间基准为北斗时(BDS time, BDT)。北斗时采用国际单位制秒为基本单位连续累计,不闰秒,起始历元为 2006 年 1 月 1 日协调世界时(coordinated universal time, UTC)00 时 00 分 00 秒。BDT 通过中国标准时间与国际 UTC 建立联系,BDT 与国际 UTC 的偏差保持在 50 纳秒以内(模 1 秒)。BDT 与 UTC 之间的闰秒信息在导航电文中播报。

可用空间坐标系包括地心赤道坐标系、日心黄道坐标系、测站坐标系、地球参考框架、1984 世界大地测量系统(World Geodetic System 1984, WGS-84)和 2000 国家大地坐标系(China Geodetic Coordinate System 2000, CGCS2000)。北斗系统采用北斗坐标系。北斗坐标系的定义符合国际地球自转服务(International Earth Rotation Service, IERS)规范,与 CGCS2000 定义一致(具有完全相同的参考椭球参数),CGCS2000 的定义与国际地球参考系统(international terrestrial reference system, ITRS)的协议一致,即坐标系原点为包括海洋和大气的整个地球地质量中心;定向的初始值由 1984 年 0 时国际时间局(Bureau International de l'Heure, BIH)定向给定,而定向的时间演化保证相对地壳不产生残余的全球旋转;长度单位为引力相对论意义下的米。

CGCS2000 坐标系的原点、轴向及尺度定义为:原点位于地球质心,Z 轴指向 IERS 定义的参考极方向,X 轴为 IERS 定义的参考子午面与通过原点且同 Z 轴正交的赤道面的交线,Y 轴与 Z 轴、X 轴构成右手直角坐标系,长度单位为国际单位制米。CGCS2000 坐标系中北斗坐标系参考椭球的几何中心与地球质心重合,参考椭球的旋转轴与 Z 轴重合。

3.1.2　三球定位

现有的卫星导航系统主要采用三球定位原理,其基本原理如图3-1所示。以已知卫星为球心,以已知卫星到用户距离为半径,绘制三球的交会点,就能推算出用户位置。

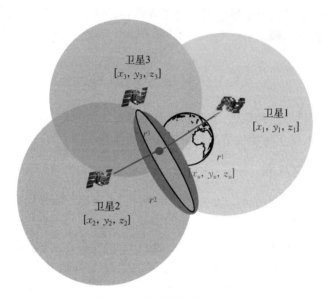

图3-1　三球定位的基本原理

伪距是在全球定位系统导航和定位中,通过卫星发播的伪随机码与接收机复制码的相关技术测定的接收机到卫星之间的距离,由于这个距离中包含了时钟误差等各种误差,不是真实距离,故称伪距。将未知的伪距测量误差省去,那么北斗卫星导航系统定位、定时算法的本质就是求解以下一个四元非线性方程组:

$$\begin{cases} \sqrt{(x^{(1)} - x_u)^2 + (y^{(1)} - y_u)^2 + (z^{(1)} - z_u)^2} + \delta t_u = \rho_c^{(1)} \\ \sqrt{(x^{(2)} - x_u)^2 + (y^{(2)} - y_u)^2 + (z^{(2)} - z_u)^2} + \delta t_u = \rho_c^{(2)} \\ \qquad\qquad\qquad\vdots \\ \sqrt{(x^{(N)} - x_u)^2 + (y^{(N)} - y_u)^2 + (z^{(N)} - z_u)^2} + \delta t_u = \rho_c^{(N)} \end{cases} \qquad (3-1)$$

其中每一个方程式对应一个可见卫星的伪距测量值,各颗卫星的位置坐标值$(x^{(n)}, y^{(n)}, z^{(n)})$可依据它们各自播发的星历计算获得,误差校正后的伪距$\rho_c^{(n)}$则由接收机测量得到,因而方程组中只有接收机位置三个坐标分量(x, y, z)和接收机时钟差δt_u是所要求解的未知量。如果接收机有四颗或四颗以上可见卫星的伪距测量值,那么式(3-1)就至少由四个方程式组成,接收机就可求解出方程组中的这四个未知量,从而实现 BDS 定位、授时。

3.1.3　数据来源

本节阐述三球定位原理中所需卫星位置数据和伪距数据的获取方法。

3.1.3.1　卫星位置

卫星位置数据来自星历解算。星历可通过导航卫星播发的导航电文进行解算,北斗卫星导航系统在 B1I 频点播发的导航电文分为 D1 导航电文和 D2 导航电文。

D1 导航电文速率为 50 bps(位每秒),并调制有速率为 1 kbps 的二次编码,内容包含卫星基本导航信息、全部卫星历书信息、与其他系统时间同步信息等基本导航信息,由中圆地球轨道(medium earth orbit,MEO)/倾斜地球同步轨道(inclined geo-synchronous orbit,IGSO)卫星播发,北斗 D1 导航电文格式如图 3－2 所示。电文由字、子帧、主帧、超帧组成,每 30 bit 数据组成 1 个字,每 10 个字组成 1 个子帧,

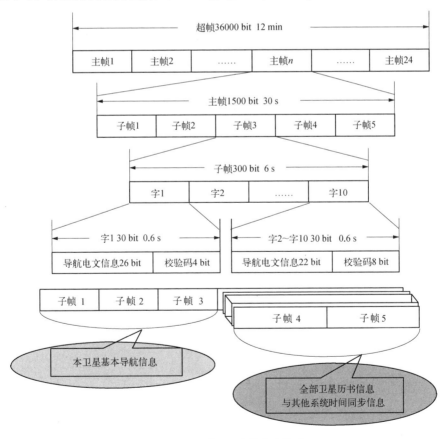

图 3－2　北斗 D1 导航电文格式

5个子帧组成1个主帧,24个主帧组成1个超帧,卫星按超帧顺序连续循环播发信息。其中,本卫星基本导航信息,只需3个字帧就能完成播发,也就是说,每收到一个主帧(30 s),就能获得卫星的位置信息。如需通过本卫星获得其他卫星的信息,需要在子帧4和子帧5位置进行积累,获得1个超帧(12 min)后组合出其他全部卫星的位置信息,因此,首次定位最好的情况在30 s内完成,最差的情况在24 min才能实现。

D2导航电文速率为500 bps,内容包含基本导航信息和广域差分信息(含北斗卫星导航系统的差分信息、完好性信息和格网点电离层信息),由地球静止轨道(geostationary earth orbit, GEO)卫星播发,北斗D2导航电文格式如图3-3所示。电文由字、子帧、主帧、超帧组成,每30 bit数据组成1个字,每10个字组成1个子帧,5个子帧组成1个主帧,120个主帧组成1个超帧,卫星按超帧顺序连续循环播发信息。其中,本卫星基本导航信息,只需3个字帧就能完成播发,也就是说,每收到一个主帧(3 s),就能获得卫星的位置信息。如需通过本卫星获得其他卫星的信息,需要在子帧4和子帧5位置进行积累,获得1个超帧(6 min)后组合出其他全部卫星的位置信息,因此,首次定位最好的情况在3 s内完成,最差的情况在12 min才能实现。

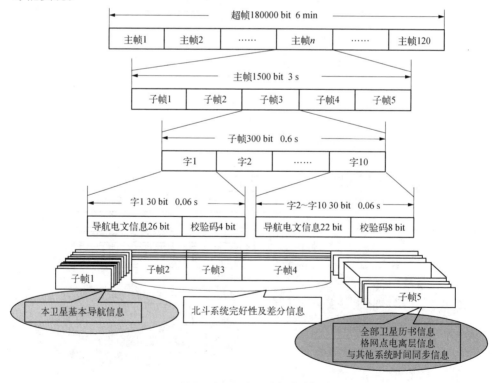

图3-3 北斗D2导航电文格式

3.1.3.2　卫星到用户的距离

卫星到用户的距离,可以使用到达时间测距。通过观测电磁波从空间一点传播到另一点的时间,可以测定两点间的距离,到达时间测距如图 3-4 所示,卫星和用户有同步的时钟,卫星在约定的时刻发送信号,用户利用接收到信号的时刻减去约定发射时刻,获得传播时间,乘以光速,获得卫星到用户的距离。

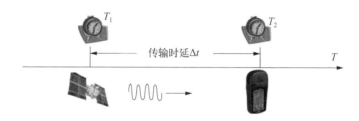

图 3-4　到达时间测距示意图

卫星到用户的距离用数学表示为 $r = c\Delta t = c(T_2 - T_1)$,其中,$c$ 为光速,T_1 为信号发送时刻,T_2 为接收机收到信号的时刻。用户需要准确且与卫星一致的时钟。

如果用户时钟与卫星 i 时钟有偏差 t_{u_i},如图 3-5 所示,测距结果中就会叠加一个时钟差,数学表示如下:

$$r = c\Delta t = c(T_2 - T_1) = c(T_2' - T_1 - t_{u\_i}) \tag{3-2}$$

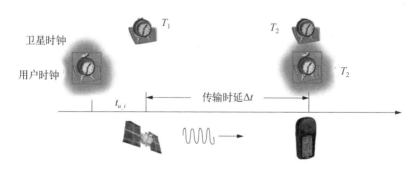

图 3-5　有钟差的到达时间测距示意图

4 颗卫星参与定位,就有 7 个未知数(即 4 个钟差、3 个位置坐标),只有 4 个观测方程,会导致方程组无解。因此,导航卫星要有同步统一的时钟,保证用户与每一个卫星的时钟都保持同样的时间差,从而保证定位解算时只有 4 个未知数,同步时钟如图 3-6 所示。

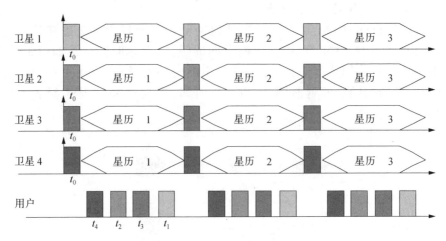

图 3‐6　同步时钟示意图

3.2　北斗卫星导航系统

本节阐述北斗卫星导航系统的功能、特点和历史发展,主要内容包括北斗卫星导航系统的功能、组成、信号格式、导航电文,并结合无人机实际使用情况分析使用时的注意事项。

北斗卫星导航系统是我国着眼于国家安全和经济社会发展需要,自主建设运行的全球卫星导航系统,为全球用户提供全天候、全天时、高精度的定位、导航和授时服务。

20 世纪后期,我国开始探索适合国情的卫星导航系统发展道路,逐步形成了三步走发展战略:2000 年底,建成北斗一号系统(北斗一代),向国内提供服务;2012 年底,建成北斗二号系统(北斗二代),向亚太地区提供服务;2020 年,建成北斗三号系统(北斗三代),向全球提供服务。

北斗三代卫星导航技术与北斗一代、北斗二代相比,在功能、星座、性能等方面都发生了变化,并增加了全球短报文通信服务、地基增强服务、星基增强服务和国际搜救服务。

3.2.1　功能变化

北斗三号卫星导航系统面向全球范围,提供定位导航授时(radio navigation satellite service, RNSS)、全球短报文通信(global short message communication, GSMC)和国际搜救(search and rescue, SAR)服务;在我国及周边地区,提供星基增强系统(satellite-based augmentation systems, SBAS)、地基增强系统(ground based augmentation systems, GBAS)、精密单点定位(precise point positioning, PPP)和区域短报文通信(regional short message communication, RSMC)服务,如图 3-7 所示。

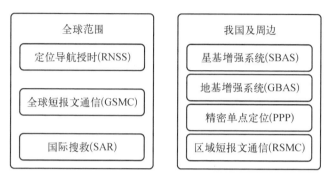

图 3-7　北斗三号卫星导航系统七大功能

3.2.2　星座变化

北斗三号标称空间星座由 3 颗地球静止轨道(GEO)卫星、3 颗倾斜地球同步轨道(IGSO)卫星和 24 颗中圆地球轨道(MEO)卫星组成。GEO 卫星轨道高度 35 786 km,分别定点于东经 80°、110.5°和 140°;IGSO 卫星轨道高度 35 786 km,轨道倾角 55°;MEO 卫星轨道高度 21 528 km,轨道倾角 55°,分布于 Walker 24/3/1 星座。星下点轨迹如图 3-8 所示,可视卫星数量如图 3-9 所示。

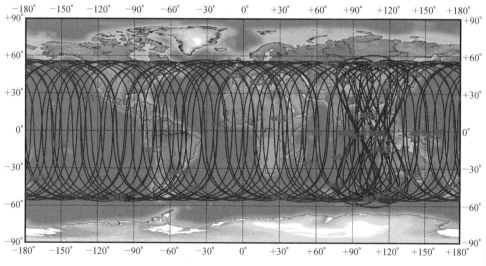

图 3-8　星下点轨迹(2023/05/16/01:00 BDT)

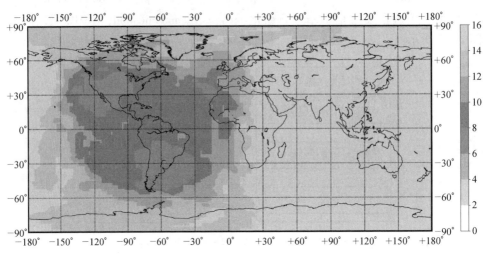

图 3-9　可视卫星数量(2023/05/16/01:00 BDT)

3.2.3　性能指标

RNSS 服务通过北斗三号标称星座中卫星的 B1C、B2a、B2b 和 B1I、B3I 信号提供,用户通过该服务可确定自己的位置、速度和时间。目前,RNSS 服务由北斗二号和北斗三号星座联合提供。北斗卫星导航系统定位精度指标、测速精度指标和授时精度指标分别如表 3-1~表 3-3 所示。

表 3-1　定位精度指标

服务模式	定位精度指标(95%)		约　束　条　件
单频、双频	全球平均水平方向	≤9 m	截止高度角5°。 满足规定使用条件的用户,使用健康的空间信号进行解算。
	全球平均垂直方向	≤10 m	任意 7 天全球所有点定位误差的统计值。 不包含传输误差和用户段误差
单频、双频	最差位置水平方向	≤15 m	截止高度角5°。 满足规定使用条件的用户,使用健康的空间信号进行解算。
	最差位置垂直方向	≤22 m	任意 7 天全球最差位置定位误差的统计值。 不包含传输误差和用户段误差

表 3－2　测速精度指标

服务模式	测速精度指标(95%)		约　束　条　件
单频、双频	全球平均	≤0.2 m/s	截止高度角5°;满足规定使用条件的用户,使用健康的空间信号进行定位测速解算;任意7天全球所有点测速误差的统计值;不包含传输误差和用户段误差

表 3－3　授时精度指标

服务模式	授时精度指标(95%)		约　束　条　件
单频、双频	全球平均	≤0.2 nm	截止高度角5°;满足规定使用条件的用户,使用健康的空间信号进行多星解算;任意7天全球所有点授时误差的统计值;不包含传输误差和用户段误差

PPP 服务通过北斗三号标称空间星座中的 3 颗 GEO 卫星的 PPP－B2b 信号提供,用户可通过该服务实现高精度定位。服务我国及周边地区(东经 75°~135°,北纬 10°~55°的区域)地球表面及其向空中扩展 1 000 km 高度的近地区域。

PPP－B2b 信号中心频率为 1 207.14 MHz,带宽 20.46 MHz。PPP－B2b 信号 I 支路采用双相移键控(binary phase-shift keying, BPSK)调制方式,极化方式为右旋圆极化(right-hand circular polarization, RHCP),在右旋圆极化天线为 0 dBi 增益(或线性极化天线为 3 dBi 增益)时,到达接收机天线输出端的最小功率电平为－160 dBW。PPP 服务性能指标如表 3－4 所示。

表 3－4　PPP 服务性能指标

星　座	性　能　特　征	性能指标	约　束　条　件
BDS	水平定位精度(95%)	≤0.3 m	改正对象:PPP－B2b 信息用于改正 BDS B1C 信号 CNAV1 导航电文和 GPS L1C/A 信号的 LNAV 导航电文。
	垂直定位精度(95%)	≤0.6 m	
	收敛时间	≤30 min	改正对象要求:北斗系统 RNSS 服务性能满足《北斗卫星导航系统公开服务性能规范(3.0 版)》的要求;GPS 服务性能满足《GPS 标准定位服务性能标准(5.0 版)》的要求。
BDS+GPS	水平定位精度(95%)	≤0.2 m	
	垂直定位精度(95%)	≤0.4 m	截止高度角 10°;使用双频定位解算;统计时间为 7 天,服务区内所有点取平均值
	收敛时间	≤20 min	

3.2.4　区域短报文通信服务

区域短报文通信(RSMC)服务通过北斗三号标称空间星座中 3 颗 GEO 卫星

的 L 频段和 S 频段信号提供。用户完成申请注册后,可获取点播、组播、通播等模式的短消息通信服务。主要性能指标包括服务成功率、服务时延、服务频度和单次报文最大长度等。

北斗三号卫星导航系统可以向我国及周边地区(东经 75°～135°,北纬 10°～55°的区域)地球表面及其向空中扩展 1 000 km 高度近地区域的用户提供 RSMC 服务。

用户发射信号在 L 频段 1 610.0 MHz～1 626.5 MHz 内,采用直接序列扩频(direct sequence spread spectrum, DSSS)、BPSK 调制。用户接收信号在 S 频段 2 483.5 MHz～2 500 MHz 内,包括导频支路 S2C_p 和电文支路 S2C_d,均采用 DSSS、BPSK 调制。

3.2.5 地基增强服务

北斗三号卫星导航系统通过移动通信向用户提供 GAS 服务,用户可通过本服务实现实时米级、分米级、厘米级和事后毫米级的高精度定位,RSMC 服务性能指标和地基增强系统(GBAS)服务性能指标如表 3-5 和表 3-6 所示。

表 3-5　RSMC 服务性能指标

性 能 特 征	性 能 指 标	约 束 条 件
服务成功率	≥95%	用户具体发射 L 频段信号的能力;室外空旷地带相对于 GEO 卫星无遮挡,截止高度角 10°;S2C 信号用户最小接收功率为-157.6 dBW;用户实际服务频率、单次报文最大长度根据注册参数约束;服务时延为出站链路非拥堵条件下指标;若用户相对卫星径向速度大于 1 000 km/h,需进行自适应多普勒补偿
服务时延	平均优于 2 s	
服务频度	平均 1 次/30 s	
单次报文最大长度	≤14 000 bit	

表 3-6　GBAS 服务性能指标

服 务 类 型	服务等级	性 能 特 征	性能指标	约 束 条 件
单频伪距增强服务	实时米级	水平定位精度(95%)	≤1.2 m	支持的系统:BDS。改正对象:BDS B11 单频信号的伪距/载波相位测量值、BDS B11+B31 双频信号的载波相位测量值。观测条件:有效可用的卫星颗数≥6,位置精度因子 PDOP≤2,截止高度角 10°
		垂直定位精度(95%)	≤2.5 m	
单频载波相位增强服务		水平定位精度(95%)	≤0.8 m	
		垂直定位精度(95%)	≤1.6 m	
		收敛时间	≤15 min	
双频载波相位增强服务	实时分米级	水平定位精度(95%)	≤0.3 m	
		垂直定位精度(95%)	≤0.6 m	
		收敛时间	≤30 min	

服务类型	服务等级	性能特征	性能指标	约束条件
双频或多频载波相位增强服务（网络 RTK）	实时厘米级	水平定位精度（RMS）	≤4 cm	用户需注册获得服务。支持系统：BDS/GPS/GLOLNASS。改正对象：BDS B11、B31，GPS L1、L2、L5，GLONASS L1、L2 信号的载波相位测量值。
		垂直定位精度（RMS）	≤8 cm	
		收敛时间	≤45 s	
后处理毫米级相对基线测量	事后毫米级	水平定位精度（RMS）	4 mm	观察条件：有效可用的卫星颗数≥6，PDOP≤2，截止高度角10°
		垂直定位精度（RMS）	8 mm	

3.2.6　射频信号特征

RNSS 服务的 5 个空间信号包括 B1C、B2a、B2b、B1I 和 B3I 信号,RNSS 频率信息统计如图 3 - 10 所示。

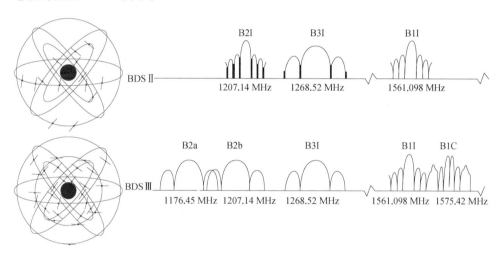

图 3 - 10　北斗 RNSS 信号频率特征示意图

（1）B1C 信号：中心频率为 1 575.42 MHz,带宽为 32.736 MHz,包含数据分量 B1C_data 和导频分量 B1C_pilot。数据分量采用二进制偏移载波（BOC(1,1)）调制;导频分量采用正交复用二进制偏移载波（QMBOC(6,1,4/33)）调制,极化方式为右旋圆极化（RHCP）。

（2）B2a 信号：中心频率为 1 176.45 MHz,带宽为 20.46 MHz,包含数据分量 B2a_data 和导频分量 B2a_pilot,数据分量和导频分量均采用二进制相移键控（BPSK(10)）调制,极化方式为 RHCP。

（3）B2b 信号：该信号利用 I 支路提供 RNSS 服务,中心频率为 1 207.14 MHz,

带宽为 20.46 MHz,采用 BPSK(10)调制,极化方式为 RHCP。

(4) B1I 信号:中心频率为 1 561.098 MHz,带宽为 4.092 MHz,采用 BPSK 调制,极化方式为 RHCP。

(5) B3I 信号:中心频率为 1 268.52 MHz;带宽为 20.46 MHz,采用 BPSK 调制,极化方式为 RHCP。

3.3 卫星导航接收机

本节阐述卫星导航接收机架构、技术指标和数据输出格式。主要内容包括卫星导航架构、卫星导航技术指标、卫星导航实现方法、卫星导航数据输出格式,并结合无人机实际使用情况分析使用时的注意事项。

接收机观测信息处理流程如图 3-11 所示,主要包含参数测量、星历解算、定位测速授时计算三部分。

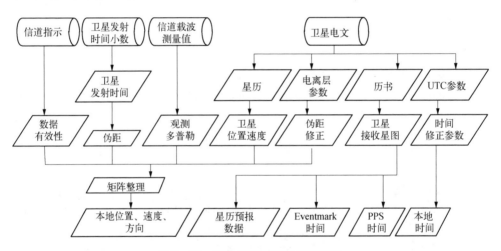

图 3-11 接收机观测信息处理流程

参数测量部分用于获得卫星到用户之间的距离和信道指示,明确每一颗卫星的有效性;通过观测每颗卫星信号到达的时间,减去卫星的发射时间,获得卫星到用户之间的伪距。另外,使用信道载波测量值获得卫星信号的载波多普勒观测值,用来对伪距数据进行平滑,提高定位精度。

星历解算用于获得卫星的实时位置,通过接收到的导航电文中关于卫星的基本信息,叠加现在的时间,计算出卫星现在的位置和速度。另外,星历中还有电离层、对流层、卫星位置、卫星时钟误差等各种误差,修正数据可以改善定位中的误差,提高定位精度。

定位测速授时计算是利用星历中的伪距修正数据对参数测量部分获得的伪距

进行修正,与推算出的现在卫星位置进行联合解算,使用牛顿迭代法解出定位方程,获得定位信息与本地接收机卫星时钟之间的钟差信息,得到定位结果和授时结果后,将测量的多普勒频移代替伪据信息进行定位解算,获得用户的三维速度信息,即在东北天三个方向的运动速度。其中,通过数据可以输出用户的位置、速度、时间,更高精度的授时信息可以通过秒脉冲(pulse per second, PPS)形式发送,其中,秒脉冲的上升沿对应整秒的起始时刻,授时精度可以达到十纳秒级别。

全球导航卫星系统(global navi-gation satellite system, GNSS)信号为了使用测量精度更高的载波频率和载波相位信号提高测距精度,需要保证射频信号和基带信号的时钟同源。因此,与传统通信方式射频基带独立时钟的方式不同,GNSS接收机要保证所有的频率信号都从同一个时钟源获得。以GPS信号为例,统一的时钟为1.023 MHz的基准,通过分频方式获得导航信息解算时钟和伪码数据同步时钟,通过倍频获得载波时钟。时钟链分配情况如图3-12所示。

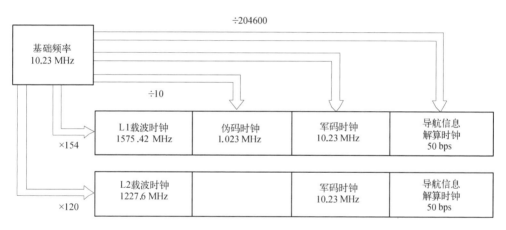

图3-12　GPS信号时钟链分配情况

接收机结构如图3-13所示,主要包含天线、射频、基带和接口四个部分。

接收机的功能主要包括对卫星信号进行捕获,跟踪卫星信号以保证连续测距,解调导航电文,进行定位解算。接收机工作过程为:首先,由天线对卫星信号进行接收,接收到的信号送入低噪声前置放大器进行滤波放大,以增强信噪比;之后,信号进入接收机的高频接收电路,完成下变频、滤波、放大、模/数转换,最终形成数字信号并送往相关处理电路。在此可以通过相关处理技术实现对所需卫星信号的识别和捕获。此后,通过载波锁定环路和伪码延时锁定环路实现载波的同步和伪码同步,进而解调出基带信号(即导航电文信号)。其间,还可以完成对伪距的测量,即通过测量相关函数最大值的位置来测定卫星信号传播延迟,从而得到卫星至接收机的距离观测值。在此基础上,结合导航电文中的卫星轨道参数等数据,接收机

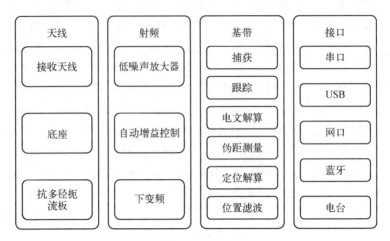

图 3 - 13 接收机结构

中的微处理器可以进行定位解算,求出用户位置的经纬度、高度,以及速度、时间等信息。

3.4 卫星导航增强系统

本节阐述卫星导航定位的增强系统原理。主要内容包括卫星导航系统误差分析、差分定位、完好性监测,并结合无人机实际使用情况分析使用时的注意事项。

3.4.1 基本概念

卫星导航增强系统功能包括监控信号、失效报警,消除误差、提升精度。卫星导航增强方法为实时测量误差,对用户进行广播或用户自己查询。

目前,单北斗系统提供的定位精度优于 15 m,但是这样的定位精度仍然无法满足某些应用场景。要提高定位精度,就需要分析导致定位误差的原因。如图 3 - 14 所示,卫星单点定位误差主要是在卫星信号传播过程中造成的,如卫星轨道偏差 dp、卫星钟偏差 $C \cdot \Delta T_{sv}^{i}$、电离层误差 Δp_{ion}^{i}、对流层误差 Δp_{trop}^{i}、多路径误差 ΔP_{MP}、天线相位中心误差 ΔP_{and}、随机误差 ΔP_{rand} 等。另外,相对论效应 $C \cdot t_r$ 可以通过卫星的运动速度精确计算出来,定位时抵消。

为得到更高的定位精度,需要通过差分技术消除或减弱卫星导航系统的误差,从而提高卫星到接收机的测距精度,即将一台卫星接收机安置在基准站上进行观测,根据基准站已知精密坐标,计算出基准站到卫星的距离修正数,并由基准站实时将这一数据发送出去,如图 3 - 15 所示。用户接收机在进行观测的同时,也接收

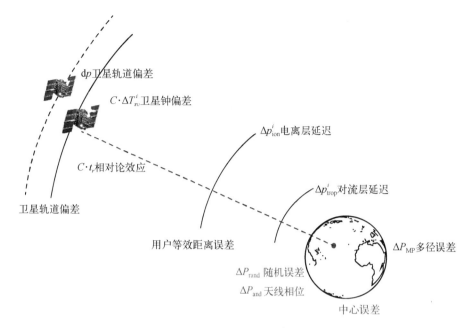

图 3-14 卫星导航系统误差

基准站发出的修正数,并对其定位结果进行修正,从而提高定位精度,如图 3-16 所示。

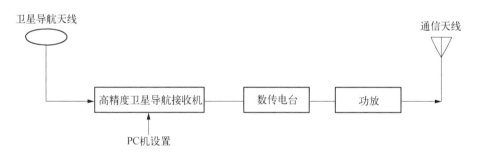

图 3-15 基准站结构图

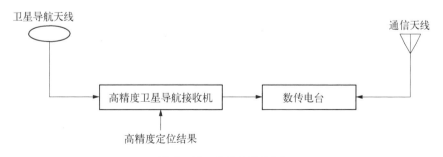

图 3-16 移动站结构图

3.4.2 差分 GNSS 技术

由于卫星运行轨道、卫星时钟存在误差,大气对流层、电离层对信号的影响,以及美国人为的限制性保护政策,使得民用 GPS 的定位精度仅有 100 米左右。为提高定位精度,普遍采用差分 GNSS(differential GNSS, DGNSS)技术,建立基准站(差分站)进行 GNSS 观测,利用已知的基准站精确坐标与观测值进行比较,从而得出修正值,并对外发布。接收机收到修正值后,与自身的观测值进行比较,消去大部分误差,得到一个比较准确的位置。实践表明,利用差分技术可以显著提高 GNSS 定位精度。

差分 GNSS 技术利用两个 GNSS 接收机测量的位置信息(或距离信息)及其他导航信息的相关性能消除大部分 GNSS 卫星钟误差、星历误差、选择可用性误差和大气延迟误差(包括电离层误差和对流层误差),大大提高了导航定位精度。普遍认为,差分 GNSS 技术可以满足非精密进近以及 I、II 类精密进近着陆要求,是目前世界各国研究开发和试验的最新型飞机着陆系统的关键技术。

差分 GNSS 由地面 GNSS 基准台和差分数据发射机以及用户 GNSS 接收机和差分数据接收机组成,结构如图 3-17 所示。基准台 GNSS 接收机将接收解算的位置数据(或距离数据)与基准台精确的位置数据(或距离数据)进行处理,不断给出差分修正数据传给用户,用于修正用户 GNSS 接收机解算的位置数据,从而提高定位精度。

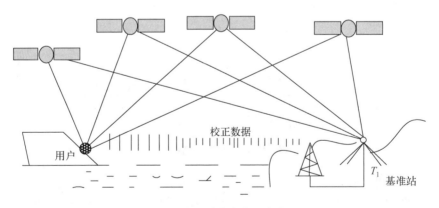

校正数据

用户

T_1

基准站

图 3-17 差分定位示意图

由于在同一地区、同一时间,GNSS 的系统误差(包括卫星钟误差、星历误差、电离层和对流层延迟误差),以及美国人为的限制性保护政策对定位精度的影响相同或相近,因此,经差分处理后会显著减弱或消除这些影响,从而提高定位精度。

3.4.2.1　差分 GNSS 的工作模式

根据差分 GNSS 基准站发送的信息方式可将差分 GNSS 定位分为位置差分、伪距差分和载波相位差分三类。这三类差分方式的工作原理是相同的,即都是由基准站发送修正数,由用户站接收并对其测量结果进行修正,以获得精确的定位结果。所不同的是,发送修正数的具体内容不一样,其差分定位精度也不同。

1. 位置差分

这是一种最简单的差分方法,任何一种 GNSS 接收机均可改装和组成这种差分系统。安装在基准站上的 GNSS 接收机观测 4 颗卫星后便可进行三维定位,解算出基准站的坐标。由于存在轨道误差、时钟误差、美国人为的限制性保护影响、大气影响、多径效应以及其他误差,解算出的坐标与基准站的已知坐标是不一样的,存在误差。基准站利用数据链将此修正数发送出去,由用户站接收,并且对其解算的用户站坐标进行修正。

最后得到修正后的用户坐标已消去了基准站和用户站的共同误差,提高了定位精度。位置差分的先决条件是基准站和用户站观测同一组卫星。位置差分法适用于用户与基准站间距离在 100 km 以内的情况。

2. 伪距差分

伪距差分是目前用途最广的一种差分技术。几乎所有的商用差分 GNSS 接收机都采用这种技术。基本方法为在基准站上的接收机求得其到可见卫星的距离,并将计算出的距离与含有误差的测量值进行比较。利用一个 $\alpha-\beta$ 滤波器将此差值进行滤波并求出其偏差。然后将所有卫星的测距误差传输给用户,用户利用测距误差来修正测量的伪距。最后,用户利用修正后的伪距解算出本身的位置,从而消去公共误差,提高定位精度。

与位置差分相似,伪距差分能将两站之间的公共误差抵消,但随着用户到基准站距离的增加又会出现系统误差,系统误差采用任何差分法都不能消除。用户与基准站之间的距离对精度有决定性影响。

3. 载波相位差分

载波相位测量是指测定 GNSS 载波信号在传播路程上的相位变化值,以确定信号传播的距离。载波相位差分技术又称为 RTK(real time kinematic)技术,是建立在实时处理两个观测站的载波相位基础上的,能实时提供观测点的三维坐标,并达到厘米级的高精度定位。与伪距差分原理相同,由基准站通过数据链实时将其载波观测量及基准站坐标信息同时传送给用户站,用户站接收 GNSS 卫星的载波相位,与来自基准站的载波相位进行差分比较,将相位差分观测值进行实时处理,实时给出厘米级的定位结果。

实现载波相位差分 GNSS 的方法分为修正法和差分法两类。前者与伪距差分相同,基准站将载波相位修正量发送给用户站,以修正其载波相位,然后求解坐标。后者将基准站采集的载波相位直接发送给用户站进行求差,完成坐标解算。前者为准 RTK 技术,后者为真正的 RTK 技术。

3.4.2.2 差分 GNSS 着陆系统

差分 GNSS 着陆系统组成如图 3-18 所示,系统由地面基准台和机载设备两大部分组成。地面基准台包括 1 部多通道 GNSS 接收机、1 台数据处理计算机和 1 台数据发射机;机载设备包括 1 部多通道 GNSS 接收机、1 台数据处理计算机和 1 部数据接收机。

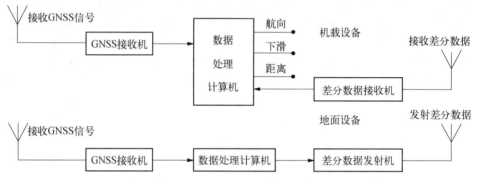

图 3-18　差分 GNSS 着陆系统组成

地面基准台接收 GNSS 卫星信号,经过处理解算出基准台位置数据,与预先精确测定的基准台位置数据比较,求出校正值,然后通过数据发射机向空中发射并覆盖一定范围。当无人机进入基准台覆盖区以内时,机载设备一方面通过 GNSS 接收机接收卫星信号,处理解算出无人机当前的位置,另一方面通过数据接收机接收地面基准台发射的校正数据,这样,在数据处理计算机中就可以计算出差分校正的位置数据,从而大大提高其定位精度。

差分 GNSS 着陆系统具有很高的精度,据报道,美国霍尼韦尔公司生产的 SLS-1000 差分 GNSS 着陆系统可提供 1.5 m 的水平精度和 2.0 m 的垂直精度。

3.4.3　网络 RTK 技术

尽管传统 RTK 的定位精度可高达厘米级,但是在使用时依然具有一定的局限性。例如用户需要架设本地的参考站、误差随距离增加而变大,以及可靠性和可行性随距离增加而降低等。为了克服上述传统 RTK 技术上的缺陷,随着无线通信、计算机网络技术的发展,在 20 世纪 90 年代中期,出现了网络 RTK 技术。如图 3-19 所示,在网络 RTK 技术中,GNSS 误差空间相关性线性衰减的单点 GNSS 误差模型,被区域型的 GNSS 网络误差模型所取代,即用多个基准站组成的 GNSS 网络来估算某一地区的 GNSS 定位误差模型,并为网络覆盖地区的用户提供校正数据。用户收到的不再是某个实际基准站的观测数据,而是一个虚拟参考站的数据,即与距离自己位置较近的某个参考网格的校正数据。因此,网络 RTK 技术又被称为虚拟参考站(virtual reference station, VRS)技术。

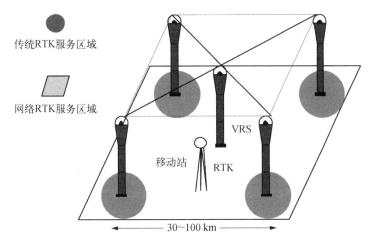

图 3 - 19　网络 RTK 系统结构图

3.4.4　完好性监测

完好性是指导航系统发生故障或误差超出允许范围时,自动向用户提供及时告警的能力。完好性直接关系到卫星导航定位服务的安全可靠性,对安全系数要求很高的航空应用领域尤为重要。

影响系统完好性的因素通常包括卫星导航系统各类故障,如地面运控系统故障、卫星系统故障、传播环境异常、用户接收处理故障等。应对各类故障有不同的完好性监测方法,单一方法均存在不同的优缺点,需要通过建立如图 3 - 20 所示的多层次、全方位完好性监测体系,实时监测各类故障并传送给用户。完好性监测体系的建立凸显了不同监测方法之间的互补性,较好地保证了用户对导航服务的完好性需求。

北斗三号卫星导航系统专门加装了卫星自主完好性监测(SAIM)载荷设备,主要目的是保证卫星自主完成下行导航信号的完好性监测,并具备对关键导航载荷工况的完好性监测告警能力。另外,北斗三号卫星导航系统也可以利用星间链路完成卫星自主完好性监测,进一步提升了监测性能。可以说,我国已初步建成了星地一体的北斗卫星导航系统完好性监测体系。

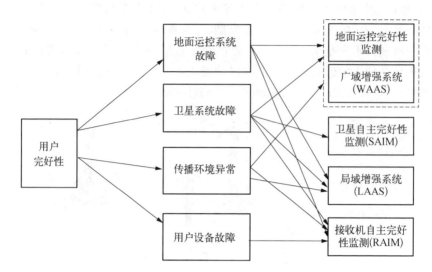

图 3 - 20　不同完好性监测方法及其可检测故障因素间的对应关系

3.5　卫星导航对抗

本节阐述卫星导航干扰、抗干扰技术,主要内容包括压制性干扰、欺骗性干扰两种卫星导航干扰技术,以及组合导航、自适应调零天线两种卫星导航抗干扰技术。

3.5.1　卫星导航干扰技术

卫星导航干扰主要有压制性干扰和欺骗性干扰两种技术。

1. 压制性干扰

压制性干扰是用噪声或类似噪声的干扰信号遮盖或淹没有用信号,导致卫星导航接收机无法正常工作,表现为捕获时间变长甚至无法捕获、卫星信号信噪比下降、同时接收的卫星数减少、导航定位精度下降、失锁等问题。GNSS 干扰机干扰信号的种类包括窄带(连续波、调频、调幅、脉冲调制)和宽带 RF 噪声两类,又可细分为射频白噪声压制式干扰、瞄准式干扰、阻塞式干扰和相关干扰。

2. 欺骗性干扰

采用 GNSS 制导的武器一般以 GNSS/惯性/地形匹配/景象匹配等组成复合制导方式,在进行压制干扰的同时应具有欺骗干扰的能力,使导航系统不易觉察到干扰的存在,从而达到对抗巡航导弹和精确制导武器的目的。欺骗性干扰是针对卫星导航系统的工作机理、GNSS 接收机工作特性以及存在的薄弱环节采取的隐蔽干扰方式,可以有多种变化形式,主要有转发式干扰和生成式干扰。对于格式公开的民用导航信号,可使用生成式诱骗干扰,产生任意轨迹的诱骗,如图 3-21 所示。

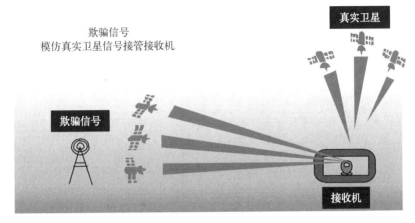

图 3-21　卫星导航生成式诱骗干扰

对于频点公开、信号格式保密的军用导航信号,可使用转发式诱骗干扰,生成任意轨迹的军用导航诱骗信号,如图 3-22 所示。

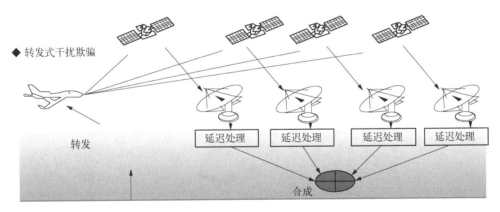

图 3-22　卫星导航转发式诱骗干扰

3.5.2　卫星导航抗干扰技术

3.5.2.1　组合导航技术

卫星/惯导(GNSS/INS)组合导航技术不需要任何外界电磁信号就可独立给出载体的位置、速度和姿态信息,因而抗干扰能力强。特别是随着高精度光学陀螺捷联技术的发展,使惯性导航系统的动态范围增大、可靠性提高、成本降低,但惯性导航系统定位误差随时间积累较快,需要经常修正来控制误差的积累。如图

3-23所示,GNSS与INS组合,一方面可以利用GNSS导航定位信息和INS导航定位信息之差,对惯性系统误差补偿模型中的修正量进行估计和修正;另一方面可以将INS输出的信息送给GNSS接收机处理器,使之在高动态运动条件下和强电磁干扰环境中保持对卫星信号的跟踪。

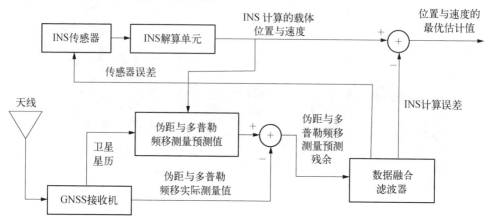

图3-23 GNSS/INS组合导航系统原理框图

实际应用中,在惯性导航系统和GNSS接收机之间存在松散耦合、紧密耦合和深度耦合三种主要的耦合方式。

3.5.2.2 自适应调零天线技术

尽管GNSS抗干扰有诸多方法,但到目前为止,自适应调零天线技术仍然是提高GNSS抗干扰接收能力的主要方法,自适应调零天线实物如图3-24所示。通过在天线接收机中采用自适应空间滤波技术进行干扰对消,从而提高进入接收机的GNSS信号的信噪比。

图3-24 自适应调零天线实物图

GNSS 抗干扰中一般采取功率倒置法进行自适应对消,与其他算法相比,不需要参考信号或已知信号来向,只要满足干扰功率远高于信号功率的条件就能取得满意的对消效果。最简单的自适应调零天线是旁瓣对消器,自适应调零天线可以使 GNSS 抗干扰能力提高 40~50 dB,其缺点是需要增加额外的天线和自适应接收设备,导致重量和所占空间增加。

3.6　本 章 小 结

本章简要阐述了无人机卫星导航的相关原理与技术。主要介绍了卫星导航的时空基准、三球定位和数据来源,北斗卫星导航系统的功能、组成、信号格式、导航电文,卫星导航接收机的观测信息处理流程、信号时钟分配情况和结构框架,卫星导航增强系统相关的差分定位、网络 RTK 和完好性监测,卫星导航对抗干扰和抗干扰技术,为地面站实时遥控、遥测无人机飞行状态奠定了技术基础。

思 考 题

1. 简述卫星导航系统的三球定位原理。

2. 卫星导航的特点是什么?

3. 使用卫星导航设备的注意事项有哪些?

4. 北斗卫星导航载波相位差分定位设备有哪些? 定位流程是什么? 能达到什么定位精度? 使用限制有哪些?

5. 无人机自主起降为什么使用北斗卫星导航载波相位差分定位,有什么使用限制? 有没有其他方式也能达到自主起降要求?

第四章
无人机链路系统原理与技术

【知识导引】

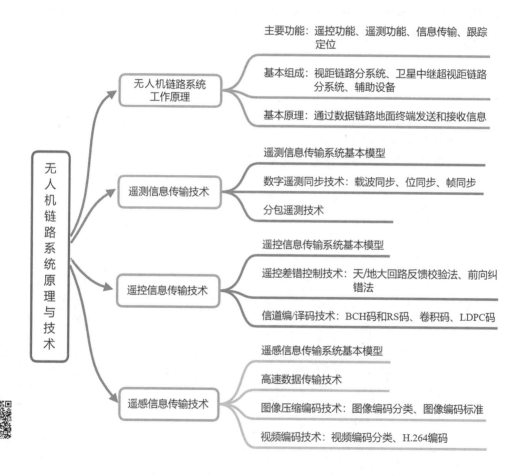

主要功能：遥控功能、遥测功能、信息传输、跟踪定位

基本组成：视距链路分系统、卫星中继超视距链路分系统、辅助设备

基本原理：通过数据链路地面终端发送和接收信息

无人机链路系统工作原理

遥测信息传输系统基本模型

数字遥测同步技术：载波同步、位同步、帧同步

分包遥测技术

遥测信息传输技术

遥控信息传输系统基本模型

遥控差错控制技术：天/地大回路反馈校验法、前向纠错法

信道编/译码技术：BCH码和RS码、卷积码、LDPC码

遥控信息传输技术

遥感信息传输系统基本模型

高速数据传输技术

图像压缩编码技术：图像编码分类、图像编码标准

视频编码技术：视频编码分类、H.264编码

遥感信息传输技术

无人机链路系统原理与技术

链路系统用于连接"机"和"站",完成无人机平台与地面控制站之间遥测、遥控、遥感信息的传输,是确保无人机作战性能发挥的重要组成部分。本章按照"总-分"结构模式,简要阐述无人机链路系统的工作原理,以及遥测、遥控、遥感链路的功用、组成和相关关键技术,主要包括无人机链路系统工作原理、遥测传输技术、遥控传输技术、遥感传输技术四部分内容,为实现地面控制站对无人机平台的遥测、遥控、遥感奠定技术基础。

4.1　无人机链路系统工作原理

4.1.1　主要功能

无人机链路系统具有遥控、遥测、信息传输和跟踪定位四项主要功能。

(1)遥控功能。遥控用于实现对无人机和任务载荷的远距离操控,来自地面操控台的指令和数据,经编码、上行无线信道传输和解码后送给机载飞控计算机,对无人机和任务设备实施操控。

(2)遥测功能。遥测用于实现无人机状态的远程无线监测,来自机上的飞行状态传感器数据和机载设备状态检测数据,经编码、下行无线信道传输和解码后传回地面站,并通过数据综合显示,实时观察无人机的飞行状态和任务设备的工作状态。遥测对于无人机来说非常重要,错误的遥测数据可能导致操作人员判断失误,或者做出错误的决策,进而导致任务的失败。

(3)信息传输功能。信息传输通过下行无线信道向地面站传输由机载任务传感器获取的视频、图像、电子信号等侦察信息。侦察信息传输是无人机系统完成作战任务的关键,传输质量的好坏直接关系到目标的发现和识别能力,侦察信息要求有比遥控和遥测数据高得多的传输带宽,一般要几兆赫,最高的可达几十兆赫甚至上百兆赫。信息传输和遥测可共用一个信道。

(4)跟踪定位功能。跟踪定位是指连续和实时地提供无人机的位置数据,对于自主飞行的无人机利用遥测将机上导航定位数据实时传回测控站,就可以实现对无人机的跟踪定位。然而,在不能完全依赖机上导航定位的情况下,需要由测控站对无人机进行测角和测距,确定无人机与测控站的相对位置,再结合地面站本身位置实现对无人机的跟踪定位,有时还可以将机上导航定位数据和测控站测量数据融合进行组合定位,既增加了余度,又利于提高定位精度。

4.1.2　基本组成

为了保证远程通信传输,无人机的信息传输系统通常具有视距和卫星中继超视距两条链路。视距链路一般采用主链路和副链路,完成视距范围内对无人机测控与侦察信息的传输。卫星中继超视距链路简称卫通链路,通常采用 Ku 波段、Ka 波段通信卫星链路,完成超视距范围对无人机测控与侦察信息的传输。视距链路分系统包括视距链路地面站和视距链路机载数据终端,卫星中继超视距链路分系统包括卫通链路地面站和卫通链路机载数据终端,链路系统组成如图 4-1 所示,辅助设备包括密钥注入器、参数注入器、综控器和信标机。

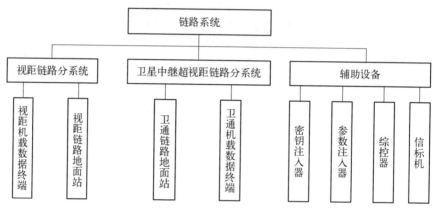

图 4-1 无人机链路系统组成框图

4.1.3 基本原理

数据链路地面终端包括视距链路地面站和卫通链路地面站。每类终端均包括射频信号接收机、发射机、地面天线和其他辅助设备。数据链路地面终端的作用是分别通过视距链路或卫通链路发送对无人机的遥控指令信号,同时,接收无人机飞控计算机和任务控制计算机下传的遥测信息、任务图像和视频信息,经解调译码后送到地面控制站的相关监视显示设备上进行显示,供地面操控人员监控无人机及其任务状态,也可用于数据记录、实时规划和辅助决策等用途,原理如图 4-2 所示。

地面数据终端发送和接收数据的过程如图 4-3 所示。无人机操作通过地面控制站中的操控设备或指令键盘发出对无人机的操控指令。这些指令信号在信源编码包中进行指令编码,然后进行加密运算,加密后的数据经伪码产生器产生的伪码相加完成扩频,扩频后的信号对载波信号进行调制,生成载波调制信号,并发送至功率放大器进行功率放大,经过放大的射频信号通过馈线送到地面天线向外发射。如果通信范围在视距范围内,则选择视距链路天线发送;如果超过视距通信范围,则选择卫通链路天线发送。当接收数据时,无人机下行的遥测与视频流信息通过卫通链路或视距链路传输回地面数据链路终端,通过天线接

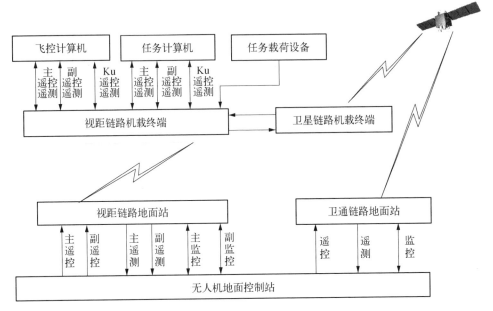

图 4-2　链路系统工作原理

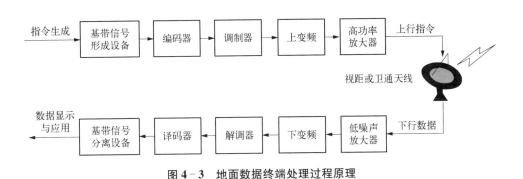

图 4-3　地面数据终端处理过程原理

收后,经馈线送至前端放大器,放大后的信号向本地振荡器进行混频,得到第一
中频信号。该信号一路送至测向误差产生与处理电路,用于对天线伺服系统天
线的跟踪控制。另一路送至第二混频器,同本地振荡器产生的信号进行混频
和滤波,再通过鉴频器分离成两路信号,一路通过低通滤波器滤波出视频信
号,送至地面控制站监视器进行显示;另一路经过带通滤波器滤波,再经过鉴
频和分离电路,恢复出遥测基带信号和伪码数据流信号,得到无人机下传的遥
测数据,由监视记录设备进行显示与记录,用于地面操控员掌握无人机的飞行
和任务状态。

4.2 遥测信息传输技术

4.2.1 概述

遥测是指对无人机上的待测参数(信息)进行检测,并将测量结果传输回地面站进行记录、显示和处理的测量技术,地面站接收和处理由无人机上遥测发射机下发的遥测信号,并恢复出遥测数据。这些遥测数据包括反映无人机各系统(如飞控、动力、机电系统)运行状况的有关数据、机上有效载荷的运行状况参数。遥测多路传输体制的发展经历了以下4个阶段。

1. 频分多路遥测体制

20世纪50年代初航天遥测起步时,采用频分多路复用(frequency division multiplexing, FDM)思想,通过多个副载波进行频分多路传输,这种体制是一种模拟传输体制。

2. 时分多路遥测体制

开始于20世纪50年代中期。时分多路遥测(time division multiplexing, TDM)依据香农采样定理,用时分形式(又称交换子)对多路遥测信息采样形成离散信息,并将各路信息安排在不同的时间间隙中传输。时分多路遥测虽然用多级分帧解决了上千路信号在一定带宽内的时分传输问题,但其仍是一种模拟系统,因而模拟系统误差积累和不便处理的缺点依然存在。

3. 数字脉冲编码遥测体制

20世纪60年代初,在脉冲振幅调制(pulse amplitude modulation, PAM)基础上增加模数变换和数模变换技术及数字同步技术,构成了数字脉冲编码遥测(pulse code modulation, PCM,简称编码遥测)系统。编码遥测系统数字化后的好处是:方便运算和自动化数据处理;对数码信号进行纠错编码;可以剔除冗余信息,进行信源编码实现压缩和信息加密;进行数据再生,防止多次转发引起的误差累积等。

4. 分包遥测体制

20世纪80年代中期至90年代,将多级时分采样开关进行串接编帧,改进为通信中的分组交换方式,即每个信源按各自的频率响应和测量要求,进行采样和数字化后先生成数据并存储起来,然后多个信源数据再统一编帧打包形成统一数据流,用相同的速率传送。这种方式一方面提高了每个信源的取样率,减少了数据的冗余度;另一方面摒弃了过去因频响不同、数据率不同而不得不采用众多的时分采样开关、副载波和多载波的信息传输方法。

4.2.2　遥测信息传输系统基本模型

遥测信息传输系统的种类很多,按其所采用的信道类型可分为无线遥测和有线遥测,无人机链路系统均采用无线遥测。一个典型的无线遥测系统原理框图如图 4-4 所示。

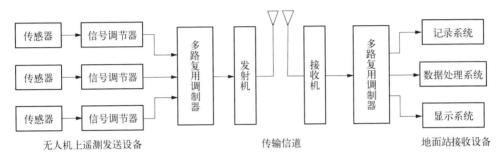

图 4-4　无线遥控系统原理框图

无人机上的发射端利用多个传感器,将多个待测量参量转换成适于传输的规范化信号,再经过适当的调节后,由多路复用调制器将多路遥测信号按照多路复用方式集合起来调制射频载波,再经发射机、天线传送到地面遥测接收站。地面站的接收天线收到遥测载波信号后送入遥测接收机,实现载波解调,然后通过多路复用调制器恢复出各路原始信号,由终端设备进行记录和显示,并经数据处理系统处理后,按用户需要形成最终的变量、数据或图表,及时传送给用户,最终完成遥测的全过程。各种遥测系统的信息传输模型用图 4-5 进行概括。

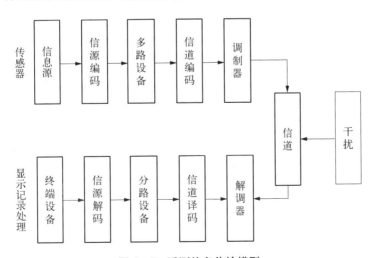

图 4-5　遥测信息传输模型

4.2.3　数字遥测同步技术

1. 载波同步

要解调双相移键控（BPSK）信号，首先要找到一个基准信号，通过与基准信号比相得到所传的数码。在 BPSK 已调制信号中，没有残留（副）载波分量，因此不能用一般的锁相环提取，为了恢复副载波，必须事先作非线性变换得到副载波分量，通常的方法有平方环和科斯塔斯环。科斯塔斯环可以直接得到解调信号，该环的典型框图如图 4-6 所示，科斯塔斯环也称同相正交环。

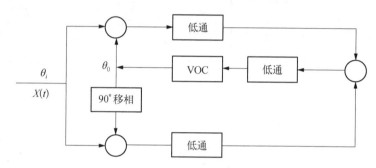

图 4-6　科斯塔斯环框图

图 4-6 中，输入信号为 BPSK 或四相移键控（quaternary PSK，QPSK）信号，其初相在 $-90°$ 和 $+90°$ 两个相位上来回跳动（对应于 0、1 两个二进制码）。如果用通常的锁相环对这一信号进行锁定，由鉴相器得到的输出电压对应为 $\sin(\theta_i - \theta_0)$，$\theta_i$ 为 $-90°$ 或 $+90°$，因此鉴相器得到的输出电压分别为 $\sin(-90° - \theta_0) = -\sin(90° + \theta_0) = -\cos\theta_0$ 和 $\sin(90° + \theta_0) = \cos\theta_0$。即不管 θ_0 的相位为何值，由鉴相器得到的误差电压是极性相反幅度相等的方波（平均值永远为 0），故由单个鉴相器不能直接得到误差电压。当用科斯塔斯环时，两个相差 90° 的本地压控振荡器（voltage controlled oscillator，VCO）信号，在两个鉴相器与输入信号相乘得各自的误差电压，它们再相乘得 $K_m \sin 2(\theta_i - \theta_0)$。这时，不管 θ_0 为何值，对应 BPSK 输入信号为 0、1 的输出电压为 $K_m \sin[-180° - 2\theta_0] = K_m \sin(-2\theta_0)$ 和 $K_m \sin[180° - 2\theta_0] = K_m \sin(-2\theta_0)$。即鉴相器可以输出一个反映 VCO 与外来信号相位差的误差电压，因此可以完成锁定，但在第二个乘法器上，两个带有噪声的误差信号将产生平方损耗。环路输出相位抖动使得 BPSK 解调信噪比恶化，若相位抖动在 10° 以内，则信噪比恶化不明显。

2. 位同步

位同步方法可分为插入导频法和直接法两类。这两类方法有时也分别称为外同步法和自同步法。

基带信号若为随机的二进制不归零脉冲序列,那么这种信号本身不包含位同步信号。为了获得位同步信号,就应在基带信号中插入位同步导频信号,或者对该基带信号进行某种变换。

1) 插入导频法

插入导频法是在基带信号频谱的零点插入所需的导频信号,如图 4 - 7(a)所示。若经某种相关编码的基带信号,其频谱的第一个零点在 $f = 1/2T$ 处时,插入导频信号就应在 $1/2T$ 处,如图 4 - 7(b)所示。

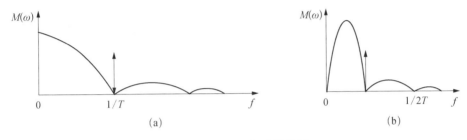

图 4 - 7　插入导频法频谱图

在接收端,对图 4 - 7(a)所示的情况,经中心频率为 $f = 1/T$ 的窄带滤波器,就可从解调后的基带信号中提取出位同步所需的信号。这时,位同步脉冲的周期与插入导频的周期是一致的;对图 4 - 7(b)所示的情况,窄带滤波器的中心频率应为 $1/2T$,因为这时位同步脉冲的周期为插入导频周期的 $1/2$,故需将插入导频倍频,才得到所需的位同步脉冲。

2) 直接法

直接法是发送端不专门发送导频信号,而直接从数字信号中提取位同步信号的方法。这是数字通信中经常采用的一种方法。

滤波法是直接法的一种经典方法。滤波法对于不归零的随机二进制序列,不能直接从其中滤出位同步信号。但是,若对该信号进行某种变换,例如,变成归零脉冲后,则该序列中就有 $f = 1/T$ 的位同步信号分量。经一个窄带滤波器,可滤出此信号分量,再将它通过一移相器调整相位后,就可以形成位同步脉冲,如图 4 - 8 所示。它的特点是先形成含有位同步信息的信号,再用滤波器将其滤出。

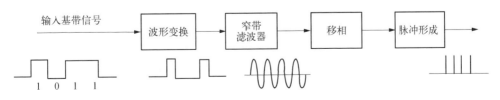

图 4 - 8　滤波法原理图

图 4-8 中的波形变换,在实际应用中可以是微分、整流电路,经微分、整流后的基带信号波形如图 4-9 所示。这里,整流输出的波形与中波形变换电路的输出波形有些区别,但这个波形同样包含有位同步信号分量。

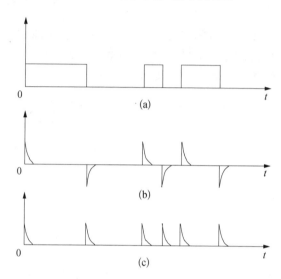

图 4-9　基带信号微分、整流波形

3. 帧同步

遥测终端所传送的参数可能多达几百个,在接收端为了还原出所传的参数值,首先要进行帧同步。即找出信号串中一帧开头,然后按预定排列格式顺序找到对应的参数。为了实现帧同步,通常有两类方法:一类是在信息流中插入一些特殊的信息码组作为每群的头尾标记,接收端根据这些特殊码组的位置就可以实现帧同步;另一类不需要外加特殊码组,它类似于位同步中的直接法,利用数据码组本身之间彼此不同的特性来实现自同步。在无人机遥测信息传输中插入特殊码组实现帧同步的方法主要采用连贯式插入法。

连贯式插入法就是在每群的开头集中插入帧同步码组的方法。用于帧同步码组的特殊码组是具有尖锐单峰特性的局部自相关函数。由于这个特殊码组 $\{x_1, x_2, x_3, \cdots, x_n\}$ 是一个非周期序列或有限序列,在求它的自相关函数时,除了在时延 $j = 0$ 的情况下,序列中的全部元素都参加相关运算外,在 $j \neq 0$ 的情况下,序列中只有部分元素参加相关运算,其表达式为

$$R(j) = \sum_{i=1}^{n-j} x_i x_{i+j} \qquad (4-1)$$

通常把这种非周期序列的自相关函数称为局部自相关函数。

对同步码组的另一个要求是识别器应该尽量简单。目前,一种常用的群同步

码组为巴克码。

巴克码是一种非周期序列。一个 n 位的巴克码组记为 $\{x_1, x_2, x_3, \cdots, x_n\}$，其中 x_i 取值为+1 或-1，它的局部自相关函数为

$$R(j) = \sum_{i=1}^{n-j} x_i x_{i+j} = \begin{cases} n, & j = 0 \\ 0\ \text{或}\ \pm 1, & 0 < j < n \\ 0, & j \geqslant n \end{cases} \qquad (4-2)$$

目前已找到的巴克码组如表 4-1 所示。

表 4-1　巴克码组

位　数	巴　克　码　组
2	++
3	++-
4	+++-；++-+
5	+++-+
7	+++--+-
11	+++---+--+-
13	+++++--++-+-+

以七位巴克码组 $\{+++--+-\}$ 为例，求出它的自相关函数如下：

当 $j = 0$ 时，$R(j) = \sum_{i=1}^{7} x_i^2 = 1 + 1 + 1 + 1 + 1 + 1 + 1 = 7$

当 $j = 1$ 时，$R(j) = \sum_{i=1}^{6} x_i x_{i+j} = 1 + 1 - 1 + 1 - 1 - 1 = 0$

按公式(4-2)可求出 $j = 2$、3、4、5、6、7 时的 $R(j)$ 值分别为-1、0、-1、0、-1、0。另外再求出 j 为负值时的自相关函数值，两者一起画在图 4-10 中。由图可见，其自相关函数在 $j = 0$ 时出现尖锐的单峰。

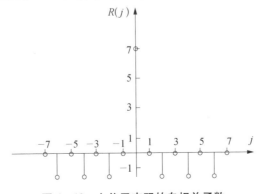

图 4-10　七位巴克码的自相关函数

巴克码识别器较容易实现,这里也以七位巴克码为例。用7级移位寄存器、相加器和判决器可以构成识别器,如图4-11所示。当输入数据的"1"存入移位寄存器时,"1"端输出的电平为+1,而"0"端的输出电平为-1;反之,存入数据"0"时,"0"端的输出电平为+1,"1"端的电平为-1。各移位寄存器输出端的接法和巴克码的规律一致,这样识别器实际上就是对巴克码进行相关运算。当七位巴克码在图4-12(a)中的t_1时刻正好全部进入7级移位寄存器时,7个移位寄存器输出端都输出+1,相加后得最大输出+7;若判别器的判决门限电平为+6,那么就在七位巴克码的最后一位"0"进入识别器时,识别器输出一群同步脉冲表示一群的开头,如图4-12(b)所示。

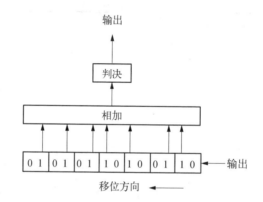

图4-11 七位巴克码识别器

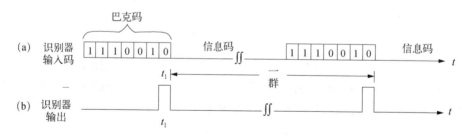

图4-12 识别器的输出波形

4.2.4 分包遥测技术

分包遥测是一种遥测数据流数据结构,是高度自动化与标准化的数据传输机制和规约,按照此规约产生遥测格式并打包和解包。分包遥测将产生的数据按规定格式组成不同数据包,然后构成传送帧,传输到接收端后按包发送给用户。数据包由标志头(表明数据源、接收用户、数据格式说明、数据产生时间、数据长度等)数据块和差错控制码构成。采用分包遥测可以提高数据传送和分发的效率,便于数据按统一格式进行交换和存档。每个信号源的数据采集和处理按照遥测的实际需要在时间上按需分配,这样可以提高取样效率,减少数据冗余度。

常规遥测将频率响应不同的信号源捆绑在同一个时分开关上进行取样,尽管采取了如前所述的方法,分为频率响应高、中、低档,但取样率和每个信源频率响应仍不完全匹配,不是失之过高就是失之过低。若统一按频率响应最高的一路信源确定取样率,则对所有信源取样结果来说,冗余度都很大。不论 64 路还是 128 路时分采样开关,最低一路至最高一路信源频率响应即使按线性递增来估算,其冗余取样数也高达 100%。而在分包遥测中,每个信源是按每个信息的特有频率响应来取样的,因而取样效率高,冗余度小,可大大减轻对传输信道带宽和功率的压力;再者,取样在每个信源的应用时间内进行,即无人机上各分系统和设备完成一次动作期间中所产生的信息。如调整姿态、调整航迹、调温、调压、备份切换、有效载荷工作等,都将其当作一个应用过程看待。如分系统和设备不动作,既无应用过程产生,也无数据单位产生,因而也无传输需要,可进一步减少通信容量。

每个信源产生的数据量大小、数据构造形式、精度要求与其他信源无关,不受其他信源的制约。因而极大增加了遥测系统设计的灵活性,可使数据容量、数据构造和信源特性达到最佳匹配。

分包遥测的基带信号构造可分为两个层次:一是信源包,以下简称源包;二是传送帧,以下简称帧。这两者都是各国遥测发、收设备在传输、交换数据时公认的规范。

源包是将观察、测量和辅助应用数据包装成一个数据块后的总称,分包遥测中由单个用户信源按标准格式产生自主信息包。源包是端-端传输的实体,由主包头、副包头、源数据和包差错控制四部分组成。主包头由 48 位组成,标明包内源数据所属的应用过程,提供序列控制和包长度信息。副包头为可选项,长度可变,但必须是字节的整数倍。源数据域总长度是整数,域的内容和格式允许自由安排。包差错控制域长度为 16 位,为可选项,用户可根据自己的测量要求选择一个附加在包尾的差错检测码,以证实传送过程中包内信息是否保持完好。包差错控制域的编码多项式和域长度由用户确定。

遥测信源绝大多数都是用数量来表达测量值的,发方的应用进程即为一有时间起点和时间终点的可以用时间函数来表达的测量过程。连续时间函数用一序列离散取样值量化后的二进制电量来表示,即为表达层的内容。时间函数终点和起点之间的时间差别,确定了对话层的对话期。收方的对话层将包数据经数/模(D/A)变换、内插、外推和由电量到物理量的变换,最后变成物理量的连续函数,送至应用层用于显示、告警和记录。源包构造由主包头和包数据域两大部分组成,主包头为方便传输而设计,它表明源包的来源和特性;包数据域填入数据的内容和构造完全由运用进程所决定,因而源包对应用进程的限制很少。应用进程有极大自由,可以不受其他信源的制约和空地传输系统的限制来确定自己的最佳数据构造和数据容量大小。

传送帧是分包遥测中由不同源包和各种注释符组成的标准化数据传输格式。传送帧由传送帧同步标志(32 位)、传送帧主帧头(48 位)、传送帧目。帧头(0, 8, 16, 32, …, 512 位)、传送帧数据域(可选,长度可变)、传送帧帧尾(0, 8, 16, 32 或 48 位)五部分组成。传送帧副帧头和传送帧帧尾为可选项。传送帧帧尾包括运行监督域(32 位)和帧差错控制字(16 位)两部分,其中帧差错控制字旨在检验数据传送过程中可能引入的差错。传送帧长度可变(最大长度为 8 920 位),但对一项特定任务,在单一物理数据信道内,传送帧长度是固定的。帧的主帧头中包含有能使地面系统将帧分发给信宿的信息。

4.3 遥控信息传输技术

4.3.1 概述

遥控是遥远控制的简称,又称为指令控制(command telecontrol),它是指控制站利用传输信道将控制指令传送到相隔一定距离(即遥远)的被控对象,使其产生预定动作的过程。按照指令信号形式不同,又分为模拟遥控体制和数字编码遥控体制。模拟遥控体制的信号是连续波形,适用于对连续变化状态的控制,如以脉冲宽度去控制发动机喷管喷气的持续时间即为模拟遥控。编码遥控体制以离散的码位或符号表示指令的内容和地址,目前无人机遥控体制主要采用编码遥控体制。

遥控与遥测相比较有三个特点:一是遥控信号是断续传送的,只在需要对无人机航迹、姿态和内部分系统工作状况采取措施时,才发出遥控命令;二是每个遥控信号是按一个完全的命令传送的,这与遥测不同,传统遥测是以每个取样点为单位传送的;三是传送遥控信号要求的可靠性比遥测高得多,因为一个误动作将会导致灾难性的后果。

遥控命令基带信号的表示方法,最初是采用一组由 n 个不同频率振荡器的不同组合来代表命令,当命令数目众多时,这种命令编码方法的硬件设备变得十分庞大,而且不易增加命令之外的辅助信息。20 世纪 60 年代以来,数字化技术逐渐成熟,改用"0""1"二进制序列的不同组合来代表命令,因而调制和解调方法都与遥测基本相似,但在传送方式上与遥测则不同,除断续传送外,误码率应比遥测低两个数量级。因遥控帧长一般较短,有时为了确保不出差错,还采用特殊的信道编译码方式或自动重传请求(automatic repeat request, ARQ)方法,将无人机收到的命令借遥测信道或专用反馈信道传回地面站,经对比正确后再执行。

遥控系统的工作内容可以概括为指令的形成、传输和执行三点。从信息传输的角度上看,它与遥测系统基本相同,不同之处是:断续发送,采用分组编码,码速率较低,遥控帧较短,实时性高,可靠性要求高,常采用多重保护措施。

1. 指令和数据的形成

遥控有指令控制和数据注入两种工作方式。根据遥控计划和遥测系统提供的无人机实时飞行状态和工作状态信息,地面控制站的计算机自动计算生成遥控程序、信息和需要注入的数据(在操控人员参与下形成),并送往遥控系统的监控台。遥控信息需经变换器变换成数字指令信号后再送入编码器。在编码器中,编码方式有静态编码和动态编码两种方式,静态编码就是预先将选好的指令码按规定的数据格式编上指令序号并存储在编码器中,发令时根据控制目标和指令序号查表输出即可,这种编码方式简单、可靠,但所需的存储容量较大,改变较难;动态编码是将指令码的各部分分别存储,在发令时将指令码的各部分组合起来,这种方法的优缺点正好与静态编码相反,在指令过长、条数又多,内存受限或指令码中有些部分要经常改变时,要采用动态编码方式。产生的指令码经加密单元加密和进行码型变换、信道编码后送到调制器进行调制,而注入的数据可直接经码型变换后送到调制器。

编码器产生的控制指令要进行校验判决无误后才能送去发射,校验的方法有视频闭环自检(自环)、射频小环自检、大回路校验(经过无人机上设备闭环)。当采用射频闭环自检时,从高功放组合输出信号,形成有线闭环以检查控制指令及上行传输的正确性,如果不正确,用关闭控制门和发射机关机的办法,制止错误指令的发射;当采用大回路校验时,则要在无人机上解调出指令码或注入数据,并经下行遥测信道传输回地面站,进行收/发指令码的逐位比对,形成上/下行大回路校验。遥控系统的监控台除操作控制指令的发出外,还要对遥控系统本身的各设备进行集中控制与监视。

2. 控制指令和数据信息的传输

传输系统为无线电数字信息传输系统,信道编码对载波信号进行调制,经上变频、功率放大后由地面终端天线向无人机发射射频信号;无人机上接收天线收到信号后,先后经遥控接收机、解调器、信道译码再输出至检出设备,检出设备包括译码器、指令判决器和控制门。译码器对解调器的输出进行译码识别,检出指令和数据,并送往指令判决器进行抗干扰判决和保密判决,一般还要将地面发射指令预先存储于指令判决器中,将实际接收到的指令与之对比,判决无误后才开控制门,让正确无误的指令信号送往执行机构或将正确数据送往无人机上的计算机。

3. 控制指令的执行

对控制指令的执行,一般有两种情况:一是对执行时刻无精确度要求;二是对执行时刻精确度有严格要求。

4.3.2 遥控信息传输系统基本模型

遥控信息传输是遥控系统的一个重要环节,常用的信息传输方式有模拟传输和数字传输。数字传输与模拟传输相比,具有抗干扰性强、灵活性高、易于加密、可靠性高等一系列特点,所以遥控系统一般采用数字信息传输方式。遥控信息传输系统模型如图4-13所示。

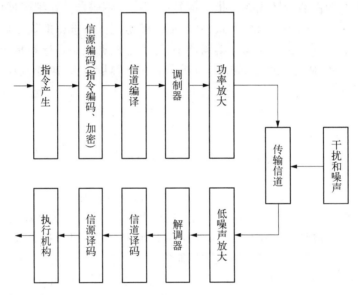

图4-13 遥控信息传输系统模型

1. 指令产生

它是遥控信息传输系统中的信息源,遥控信息包括遥控指令和注入数据两大类,由计算机或操作员根据预先设计的状态和所遥控对象实际状态数据的比对,通过指令产生设备产生指令信号,一般输出的指令信号为一组二进制码的数字信号,又称指令码。每一组指令码又配一个与之相应的指令代号。这种遥控信息源通常是断续的,不必连续传输,每次传输的时间称为遥控工作期,在其后的传输系统为数字信息传输系统。

2. 信源编码和译码

在遥控信息传输系统中的信源编码有其特殊性,它主要包括指令编码加密和格式化形成等内容,相应的信源译码器包括指令译码、解密和脱格式化等内容。

1) 指令编码和译码

为了区分不同的指令,提高指令信号的可靠性、抗干扰性和保密性,在发射端将指令编成码组。为了增加遥控指令的容量,常采用组合编码方式。常用的组合编码有频率组合编码和脉冲组合编码。当前,指令译码器都已集成化,体积很小,并常用计算机实现,编码实现的方法有静态编码(事先编好)、动态编码(发令时,才按照事先确定的编码规则进行运算、编码)。

2)加密和解密

前面形成的编码信息指令的保密性很差,而遥控系统担负着无人机实施控制的重任,随着测控技术的发展,遥控信息传输通道从由国内地面站到无人机的单一途径传输转变为能由国外地面站和中继卫星转发的多种途径传输。随着电子侦察和对抗能力的加强,对数据保护技术的要求也越来越高,要求采用加密等手段来保护遥控信息的安全。并且,遥控信息的传输要经过空间链路,使遥控系统具有开放性的特征。在对无人机遥控时,敌方可以截获所发送的遥控信号,分析和窃取遥控信息的内容,从而伪造遥控信息,对己方飞行构成严重威胁。

3)指令、数据格式的形成

遥控指令和数据的格式一般由引导、地址同步字、指令码/数据和结束字四部分组成,如图 4-14 所示。

| 引导 | 地址同步字 | 指令码/数据 | 结束字 |

图 4-14 遥控指令数据的一般格式

引导的功能是为遥控接收设备的解调、译码过程建立位同步。某些接收设备解调时不需要建立时间,译码也就不需要预先建立位同步,就不需要加引导。地址同步字既用作区分地址,又用作信息同步。在单目标控制中,只完成信息同步。信息同步的作用是向译码器指明二进制数据流中指令码字或数据起始位,以确保正确译码。在多目标遥控中又用作地址码。指令码/数据是遥控信道需要传送的实质性控制信息。结束字表明这一帧信息已经传完,可以输出译码结果并关闭译码器。在使用固定长度指令、数据的遥控系统中也可不用结束字。

3. 信道编译码

遥控信息传输系统中信道编码的作用与典型的数字信息传输系统相同,主要用于降低信道误码率,同时也具有一定的加密作用。由于遥控的可靠性很高,故仅采用信道编码技术来减小误码率不够,还要采用多重保护措施。但要根据遥控的特点来选择编译码方案,由于遥控具有"突发"和"间歇"的特点,所以在发送指令的时间很短时,多采用分组码,空间数据系统协商委员会建议(Recommendations of Consultative Committee for Space Data System, CCSDS)规定的线性分组码为:信息长度 $k=32$、40、48 或 56,监督位长度为 7,例如常采用(64.36)广播信道(broadcast channel, BCH)分组码;在串行注入数据帧中又常插入循环冗余码(cyclic redundancy code, CRC)进行检错,如果遥控指令较长或在连续发射时则可采用卷积编码/维特比译码。在突发错误严重时,也可采用 RS 编码。

4. 调制解调

遥控信息传输系统的特点是码速率较低,多路传输和频带受限问题不突出,是一个功率受限系统,但是对其可靠性、抗干扰性则要求很高。由于码速率低,卫通遥控系统常采用二次调制,其中一次的副载波调制方式为 BPSK 键控方式,二次的射频调制方式为 FM 调制方式。对于遥控数据先调制在副载波上的二次调制体制,副载波频率 f 应选为基带信号的整倍数,一般在 4~64 之间,CCSDS 规定副载波频率 f 在 1 kHz~8 kHz 之间选择。

在遥控信息调制方式中,现在还可以采用主字母调制、扩频调制方式,其中扩频调制具有保密性强、抗干扰、抗截获能力强等优点,目前已广泛应用。

5. 功放和低噪声放大的线性度

由于遥控信息传输系统通常是一个功率受限而不是一个频带受限的系统,故传输系统中一般不采用带限滤波,而调制方式又多采用 PSK 调制方式。它们在未经带限滤波时,包络是恒定的,故信道非线性对其影响不大,加上又要求提供尽量大的发射功率以提高其可靠性,因此功放常工作于饱和状态,为提高其保密性,又常工作于突发状态,这些都是遥控特殊性的体现。

4.3.3　遥控差错控制技术

在无人机系统中,要求遥控系统指令传输的误指令概率 $P_{误}$(或遥控帧错收概率 P_E)小于 $10^{-9}~10^{-8}$。漏指令概率 $P_{漏}$(或遥控帧拒收概率 P_r)小于 $10^{-7}~10^{-6}$。一般信息传输系统信道误码率的指标显然满足不了误指令概率要求。因此,要满足上述 $P_{误}$、$P_{漏}$,传输信道必须采用指令差错控制措施。选择差错控制体制时还应满足虚指令概率($P_{虚}$)的要求,并考虑设备的复杂性和遥控实时性等因素。

无人机差错控制的分类方法有多种,常见的方法可分为两类,一类称为天/地大回路反馈校验法,另一类称为前向纠错法。差错控制体制包括重发积累判决体制、前向纠错体制、前向检错体制、检错重发体制。天/地大回路校验利用无人机上的遥测设备将天上遥控接收机收到的遥控信息反馈传回地面站进行比较检验,如有差错再进行重发。前向纠错是指地面站向无人机发射的前向指令码组具有一定的纠错能力,这个码组在地面进行了纠错,无人机上具有相应的译码器。为了提高遥控可靠性,并同时尽量简化无人机上的遥控设备,无人机系统通常采用前向纠错方法,其中又多用重发积累判决体制、前向纠错体制和检错重发体制。

1. 天/地大回路反馈校验指令体制

这种体制的特点是把要控制的内容作为"预令",而把执行动作作为"动令",基本过程是地面站向无人机发送遥控预令码,无人机收到后,先存储起来暂不执行,然后通过遥测将收到的"预令"原码返回地面。由地面与原发指令进行比对,若发现错误,则发取消指令,并重新重复上述过程,直到大回路比对正确后,才发"动令"脉冲。无人机上收到"动令"脉冲后再根据原存储的"预令"码的内容产生规定的动作。这种体制的优点是利用简单的编码方法能够得到较低的错误概率,同时由于"动令"是脉冲信号,可以控制其相位精度,从而实现同步控制功能。缺点是由于反馈校验所需时间较长,故控制较慢。这种体制的特点是:

（1）需要有遥控信道和反馈信道（一般由遥测完成）;

（2）在相同差错控制性能情况下,编码和译码设备都较前向纠错简单,译码设备尤为简单;

（3）靠反馈检验实行检错;

（4）靠重发实行纠错;

（5）遥控动作的时间及持续时间、动作重复次数都易于控制,适用于完成比例控制、同步控制和高时间精度要求的开关控制,这是前向纠错体制难以实现的;

（6）所用时间较前向纠错体制所用时间长得多。

2. 前向纠错指令体制

前向纠错指令体制的特点是"预令"和"动令"合一,即无人机上只要收到可识别的指令就立即动作。由于传输中的失真和干扰可能造成错误,无人机上收到的指令可能是地面发的那条指令（正确指令）,也可能不是地面原发的指令（误指令）;或者地面根本就没有发指令,而是由于干扰产生的（虚指令）;或者地面发了,而无人机上没译出来（漏指令）,这样就会产生一些错误动作。为了减少这种错误概率,就需在编码技术上下功夫,势必造成编码、解码较复杂,指令较长,执行动作的相位也很难精确控制。

3. 检错重发体制

某条指令发出后,经判断指令接收机没有收到或没有正确收到该指令时,地面遥控系统会多次重发送该指令,指令接收机只要收到一次就执行,这就是检错重发体制,这是无人机遥控中常用的一种差错控制体制。为确保遥控指令能够执行,还演变为另一种"连续重发体制",即不经检错判断,就一直重发,确保指令执行。

以某工程为例对几种体制进行比较,计算的几种差错控制的差错概率如表4-2所示。

表4-2　各种差错控制方式的差错概率比较表

项目 控制方式	漏指令率 $P_漏$	误指令率 $P_误$	虚指令率 $P_虚$
无差错控制时	3.2×10^{-3}	3.2×10^{-3}	7×10^{-8}
检错码	3.2×10^{-3}	3.6×10^{-12}	7.8×10^{-8}

控制方式　　　　　　　项　目		漏指令率 $P_漏$	误指令率 $P_误$	虚指令率 $P_虚$
纠错码		$4.96×10^{-6}$	$4.96×10^{-9}$	$2.3×10^{-6}$
重发积累	三次重发 一次判决	$4.1×10^{-8}$	$1.08×10^{-11}$	$7×10^{-8}$
	三次重发 二次判决	$3.07×10^{-5}$	$3.9×10^{-23}$	$4.9×10^{-15}$
大回路反馈校验		$3.2×10^{-7}$	$3.6×10^{-23}$	0

由表 4-2 可以看出:

(1) 检错码只能降低误指令概率,而不能降低漏指令和自身产生的误指令概率和虚指令概率;

(2) 纠错码对漏指令及误指令都有明显的改善,但虚指令概率会增大;

(3) 多次重发多次积累判决的方式对漏、误、虚各种差错概率都有明显的改善;

(4) 大回路反馈校验指令系统对三种差错概率都有明显改善,并且可以绝对防止自身产生虚指令概率和误指令概率。

4.3.4　信道编/译码技术

1. 信道编码的基本概念

根据一定规律在待发送的信息码元中加入一些多余的码元,以换取信息码元在传输中的可靠性,信源待发送的码元为信息码元(相应的码速率称信息速率),加入的多余码元为监督(校验)码元,编码后生成的码元为符号码元(相应的码速率为符号速率)。信道编码的目的是以加入最少多余码元为代价,换取提高最大的可靠性,获得编码增益。编码增益的定义是:无编码和有编码的情况下,实现同一误码率时所需的信噪比 (E_b/N_0) 间的差值。

2. 典型的信道编码类型

按照加入多余码元的规律,信道编码可以划分为线性和非线性两大类,并分别称为线性码和非线性码,按照监督位的功能可划分为仅具有发现差错功能的检错码和具有自动纠正差错功能的纠错码。

1) 线性分组码

线性分组码一般按照代数规律构造,故又称为代数编码。一般记为 (n,k) 码,其中 n 为码组长度,k 为信息码长度,而 $n-k$ 则为监督位长度。编译码时按每 k 个

信息元-组编译码。线性分组码包括以下几种码:

(1) 在每一个信息码元分组 k 中可以纠正一个差错的汉明码(Hamming code);

(2) 在每个信息分组 k 中可以纠正多个独立差错的 BCH 码(Bose-Chaudhuri-Hocquenghem code, BCH code);

(3) 在每个信息分组 k 中可以纠正单个突发差错的法尔码(Fire code);

(4) 在每个信息分组中可以纠正多个独立或突发差错的里德-所罗门编码(Reed-Solomon code,简称 RS 码)。

2) 卷积码

卷积码是一种非分组的有记忆编码,以编码规则遵从卷积运算而得名,可记为 (n, k, m) 码。其中,n 表示码元输出路数,k 表示输入信息的路数,而 m 表示编码器中寄存器的节数。由于输出的码元 n 不仅与输入信息位 k 有关,还与编码器中记忆的 m 位有关,所以它是非分组的有记忆编码,它的译码既可以采用传统的代数方法译码,也可以采用概率方法译码,常用的是概率译码。

在遥控信息传输中主要采用卷积码(CRC 码、BCH 码、RS 码)、卷积与 RS 的级联码、交织编码、Turbo 码和低密度奇偶校验码(low-density parity check, LDPC)。

3. 无人机遥控信息传输系统中信道编译码的特点

无人机遥控信息传输的信道编码有自己的特点,它采用信道编译码技术的原因来自物理实质相同而需求表现不同的 5 个方面。

(1) 增加作用距离:在无人机上发射功率不变和地面接收误码率不变的条件下,由于获得编码增益而使作用距离得到提高。因此,使用 Turbo 码、LDPC 等纠错编码。

(2) 减小无人机上的发射功率:在作用距离和误码率不变的条件下,可减小发射功率,这一点对于体积、重量、功耗受限的无人机测控与信息传输系统是十分重要的。

(3) 扩大多路通信容量:随着传输信息路数的增加,传输的码速率亦相应增加,在获得纠错编码的编码增益后,在功率受限系统中,可以在误码率和发射功率相同的情况下,传输更高的码速率。

(4) 抗干扰:对于连续的随机差错干扰具有一定的抗干扰作用,对于火焰干扰等突发干扰,RS 编码具有一定的抗干扰作用,对于多径干扰引起的深衰落等突发干扰,交织编码具有一定的抗干扰作用。

(5) 抗截获和加密作用:将不同的编码方式构成一个码库,其中包括明码和暗码,使用时经常改变这些编码,可获得一定的保密作用。

4.3.4.1　BCH 码和 RS 码

BCH 码是一种可以纠正多个随机错误的循环码。该码于 1959 年由 Hocquenghem、

1960 年由 Bose 和 Chaudhuri 分别独立提出,是一种很好的线性纠错码类。RS 码由 Reed 和 Solomon 于 1960 年首先构造得到,是一类具有很强纠错能力的多进制 BCH 码。

BCH 码和 RS 码具有严格的代数结构,是目前研究最为详尽、分析最为透彻、取得成果最多的码类,并且纠错能力很强,在中短码长情况下其性能很接近理论值,因此在编码理论中起着重要作用。

1. BCH 码

BCH 码具有丰富的代数结构,使得其译码器可以使用更有效的代数译码算法。此外,BCH 码对于广泛的设计参数(码率、码长等)均存在,且适用于二进制和非二进制符号,是最为著名的中短长度编码方式之一。

因为 BCH 码是一种循环码,因此也可以用生成多项式 $g(X)$ 来描述。接下来介绍一种称作本原二进制 BCH 码(primitive binary BCH code)的编码和译码方法。这种码的码长为 $n = 2^m - 1$,其中整数 $m \geqslant 3$。 对于任意的 $t < 2^m - 1$,这种码可以纠正不少于 t 个错误。实际上,对于任意两个正整数 $m \geqslant 3$ 和 $t < 2^m - 1$,均可以设计一个参数满足下列关系的 BCH 码:

$$\begin{cases} n = 2^m - 1 \\ n - k \leqslant mt \\ d_{\min} \geqslant 2t + 1 \end{cases} \tag{4-3}$$

上式中,第一个等式可以确定码的长度,第二个不等式给出了该码校验位长度的上界,第三个不等式表明该码至少可以纠正 t 个错误。

2. RS 码

RS 码是实际系统中使用最为广泛的一种编码方式,无论是在通信系统还是数据存储系统中都有普遍的应用。RS 码是一种特殊的非二进制的 BCH 码。

RS 码是一个 $\{n, k, n-k+1\}$ 码,是一种定义在有限域 F 上的长度为 n、信息长度为 k、最短汉明距离为 $n-k+1$ 的线性分组码。由于它是一种最大距离可分码,码长为 n,信息长度为 k 的码的最大汉明距离为 $n-k+1$,所以在这种意义下 RS 码是一种最优的编码方法。

RS 码是可以纠正 t 个错误的 2^m 进制 BCH 码,码长为 $N = 2^m - 1$ 个符号(即表示 mN 个二进制位)。

4.3.4.2　卷积码

卷积码是 1995 年由 Elias 最早提出的,后来 Wozencraft 和 Massey 等分别于 1957 年和 1963 年系统地给出了卷积码的矩阵和多项式表示,Forney 于 1970 年从网络的观点系统分析了卷积码的特点。卷积码的理论研究不像分组码那样有完美、系统的理论支撑,没有系统地像分组码那样的构造方法。一般来说,目前性能好的卷积码都是通过计算机搜索得到的。卷积码的编译码容易实现,特别是其译码极大地降低了实现复杂度,所以在实际中得到广泛的应用。

卷积码是将 k 个信息比特编成 n 个比特,但 k 和 n 通常很小,特别适合以串行形式进行传输,时延小。卷积码编码后的 n 个码元不仅与当前段的 k 个信息有关,还与前面的 $m-1$ 段信息有关,以获取高性能。

卷积码编码器的一般框图如图 4-15 所示。输入的信息序列被分成长度为 k 的段,经过串/并转换输入到离散线性系统的 k 个输入端。该系统的输出端为 n 个(一般 $n>k$),且系统最大延时为 m。输出的 n 个编码数字经过并/串转换送入信道就完成了编码过程,这就是可表示为 (n, k, m) 的典型卷积码。一般选 n 和 k 较小,但 m 值较大($m<10$ 左右)。卷积码的纠错性能随 m 的增加而增大,差错率随 m 的增加而呈指数下降。

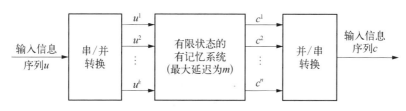

图 4-15 卷积码编码器一般框图

4.3.4.3 LDPC 码

低密度奇偶校验码(LDPC)是一种校验矩阵稀疏的线性分组码。低密度,是说 LDPC 码校验矩阵中的非零元素只占了很小的部分,当码长较长时,非零元素的个数将远远小于零的个数。下面将通过校验矩阵和 Tanner 图两种基本表示方法来研究 LDPC 码。

1. 校验矩阵

因为 LDPC 码是一类线性分组码,所以可以描述为二元域 N 维向量空间中一个确定的 K 维子空间 C。给定长度为 K 的信息序列 $u \sim \{u_0, u_1, \cdots, u_{k-1}\}$,存在一组基 $g = \{g_0, g_1, \cdots, g_{k-1}\}$,长度为 N 的码字序列 c:$\{c_0, c_1, \cdots, C_{N-1}\} \in C$ 可以写成 g 的线性表示,即 $c = u_0 g_0 + u_1 g_1 + \cdots + u_{x-1} g_{x-1}$,简写为 $c = uG$,其中,G 称为维数为 $K \times N$ 的生成矩阵,它的行就是向量 (g_i)。对于给定的 G 矩阵,存在一个维数为 $(N-K) \times N$ 的校验矩阵 H,使得 C 构成 H 的零空间,即 $cH^T (\mathrm{mod}2) = 0$。校验矩阵 H 事实上就表示了 $M = N - K$ 个线性无关的校验方程。

LDPC 码的 $H_{M \times N}$ 矩阵中的非零元素是低密度的。规则 LDPC 码的 H 矩阵每一列有固定的 W_c 个 1,并且每一行也有固定的 $W_r = W_c(N/M)$ 个 1,其中,$W_c \ll M$。在矩阵满秩时,码率 $R = K/N$。当 H 矩阵的 1 的个数在行或者列中不是恒定时,这类 LDPC 码就是非规则 LDPC 码,考虑一个(10,5)的线性分组码,它的 $W_c = 2$, $W_r = W_c(N/M) - 4$。所对应的 H 矩阵如式(4-4)所示。

$$H = \begin{bmatrix} 1 & 1 & 1 & 1 & 0 & 0 & 0 & 0 & 0 & 0 \\ 1 & 0 & 0 & 0 & 1 & 1 & 1 & 0 & 0 & 0 \\ 0 & 1 & 0 & 0 & 1 & 0 & 0 & 1 & 1 & 0 \\ 0 & 0 & 1 & 0 & 0 & 1 & 0 & 0 & 0 & 1 \\ 0 & 0 & 0 & 1 & 0 & 0 & 1 & 0 & 1 & 1 \end{bmatrix} \qquad (4-4)$$

2. Tanner 图

除了可用校验矩阵来表示 LDPC 码外,Tanner 提出可以用图模型的方法来表示 LDPC 码,将 LDPC 码的图模型称为 Tanner 图。Tanner 图类似于卷积码中的网格图,它不仅可以完整地表示码,而且可以帮助描述码的译码算法。根据 Tanner 图的定义,可以将图中的节点分为两个部分,一部分为变量节点,另外一部分为校验节点,同一部分的点集合没有边连接,因此 Tanner 图又可称为二分图。描绘 Tanner 图遵循规则:当 H 矩阵中的 h_{ij} 为 1 时,校验节点 i 有边连接到变量节点 j。可以看出,在 Tanner 图中。有 $M = N - K$ 个校验节点,每一个校验节点对应一个校验方程;有 N 个变量节点,每一个变量节点对应码字序列 c 中的一个码元比特。

式(4-24)校验矩阵对应的 Tanner 图如图 4-16 所示。其中,C 表示校验节点,与分组码的校验比特一一对应。v 表示变量节点,与码字中的码元比特一一对应。C 和 v 之间有一边相连接。若 v_i 与 C_i 有边连接,意味着 v 这个变量节点参加了 C_i 校验节点的校验,即对应的校验矩阵中第 i 行第 j 列的元素为 1。该码有 5 个校验比特,10 个码元比特。并且按照校验矩阵中为 1 的位置将两种节点用边进行连接。从图 4-16 中可见,该码是规则码,因为每一个变量节点都有两条边与之相连,而每一个校验节点都有四条边与之相连。这也就是说变量节点的度是 2,校验节点的度是 4,即 $W_c = 2$ 和 $W_r = 4$。

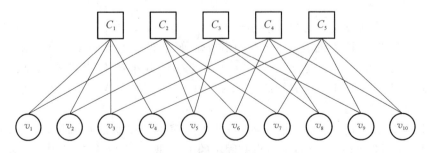

图 4-16 LDPC 对应的 Tanner 图

4.4　遥感信息传输技术

4.4.1　概述

遥感(remot sensing)意即遥远的感知,是指用遥远感测的方法(而不是接触的方法)。在远离被观察目标的地方,用特殊的仪器或设备,接收、记录该目标发射或反射的电磁信息,再经过对该信息的传输、加工处理和分析、解释,从而对该目标的性质进行探测和识别。遥感还有一种更广义的定义,这时它还包括各种物理探测、力学探测、地震波探测等。

遥感与遥测、遥控的不同点主要表现在两点:一是用非接触探测;二是采用特殊的仪器和设备。遥测一般采用接触式传感器,它是信息系统的信源。遥控一般采用接触式执行机构,它是遥控信息系统的信宿。

遥感按其感测的信息分类,分为图像式遥感和非图像式遥感,图像式遥感是当前主要的遥感信息,分为主动式遥感(如雷达)和被动式遥感(如光学摄影和各种电子、光电的扫描成像),非图像式遥感的结果则为曲线、测量数据等。遥感按载体分类,可分为航天遥感、航空遥感等。

4.4.2　遥感信息传输系统基本模型

遥感信息传输系统模型如图4-17所示,各方框的内容在前面已有介绍,本节主要介绍它们在遥感信息传输中的特殊问题。

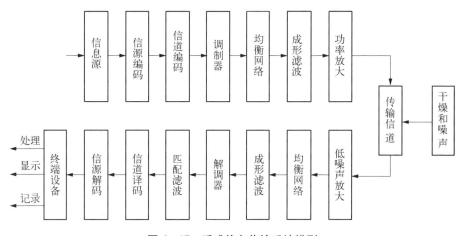

图4-17　遥感信息传输系统模型

1. 信息源

目前,遥感的信息主要是图像信息,且一般都为数码信号,它们主要来自摄像机、合成孔径雷达、光敏感器、红外敏感器、推扫扫描成像器和 CCD 相机等。

2. 信源编码和译码

信源编码的任务是将输入的信息变换为下一环节所需要的数字序列,为了降低该数字序列的码速率以减小带宽、节省功率和存储容量,信源编码的一个重要任务就是数据压缩,经过数据压缩编码器的处理,降低符号间的相关性使之统计独立,减少信息中的冗余性,使之拥有最大信息量,从而实现码速率的压缩,而在信源译码端则要求能准确或以一定损失容限再现原信息。

对于监视、侦察等遥感任务,要求能获得高分辨率的二维或三维图像,而随着数码图像技术的迅速发展,图像分辨率随之不断提高,数据量日益庞大,图像信息传输系统需要传输的数据速率也越来越高,给信息传输系统带来很大的压力。因此,需要对图像进行压缩,获得尽量大的压缩比,而且还要求对图像的压缩是无损的,但当信息量大到难以做到无损压缩时,也可考虑小失真的有损压缩。

3. 信道编/译码技术

由于遥感信息传输系统中功率通常是受限的,而对于某些特定数据业务需要极低的传输误码率,因此,需要选择纠错能力强的差错控制方法,同时需要考虑到所选纠错编码的实现复杂性,特别是在高码速时,高速编/译码的可实现性。

4. 调制/解调方式

从无人机遥感信息传输系统的特点出发,调制解调器必须具备高的功率利用率、强的抗非线性能力、易于同步和联网等性能,并且是低功耗、小体积的。由于遥感信息传输中,功率受限、频带不受限,所以一般采用恒定包络类型调制器。使功放可工作于大功率、高效率的饱和状态,主要有四相移键控(quaternary PSK, QPSK)、偏置四相移键控(offset QPSK, OQPSK)、最小相位频移键控(minimum frequency-shift keying, MSK)以及采用 8PSK 的网格编码调制(trellis-coded modulation, TCM)等调制方式。就目前情况来看,绝大多数遥感数据传输中都采用了 QPSK 调制解调技术。随着传输码速率的进一步提高,多进制调制得到了进一步的发展,多进制相移键控由于具有频带利用率高的优势而被广泛采用,而 MDPSK 由于解调时没有相位模糊问题,比 M 元相移键控(M-ary phase-shift keying, MPSK)使用更广泛。

5. 成形滤波、匹配滤波和均衡网络

目前,遥感信息传输包括非限带传输和限带传输两种,分别对应于功率受限和带宽受限两种情况。对于限带传输只含限带滤波器的传输信道模型如图 4 - 18 所示。

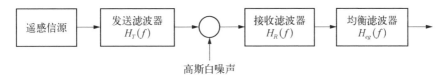

图 4-18 限带的遥感信息传输系统模型

发送滤波器和接收滤波器共同构成满足升余弦滚降滤波的成形滤波器,而且 $|H_R(f)|=|H_T(f)|$ 实现匹配滤波,称为根升余弦滚降滤波器,$H_R(f)$ 和 $H_T(f)$ 使数字信息传输系统实现匹配滤波和奈奎斯特滤波。$H_{eg}(f)$ 为均衡滤波器,其作用是对信道中其他因素引入的幅/相特性进行均衡校正,使之具有平坦的幅频特性和群时延特性。由于遥感信息的码速率很高,而传输时引起的误码率正比于数传速率乘以群时延波动值,所以均衡对遥感的高速数传是十分重要的,且带宽又很宽,使宽带均衡网络的难度更大,这是遥感信息传输中的特殊问题。由于无人机上工作条件很恶劣,信道频率特性的变化很大,如再加上多径衰落带来的信号幅度和相位变化,这时要实现好的性能就要采用自适应均衡,即根据信道和信号的变化自动地调整均衡器的参数,这种技术在遥感高速数据传输中得到越来越广泛的应用。

当遥感信息传输系统工作于非限带的传输系统模型如图 4-19 所示,与限带的遥感信息传输系统模型相比,增加了积分-清零滤波器。

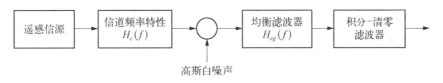

图 4-19 非限带的遥感信息传输系统模型

4.4.3 高速数据传输技术

无人机的高码速率数据传输主要用于将高分辨率的遥感数据直接下传到地面或通过卫星中继传输。它是遥感信息传输中的关键技术,其技术难点包含两方面的问题:一方面是高速数据传输调制/解调器的高速电路实现问题;另一方面是传输特性对数据传输误码率的影响较大,在高速数据传输中幅/相频率特性、群时延均衡、相位噪声的影响将比低速数据传输更大,技术难度更高,这些问题包含在高速解调器和高速数传信道中。

高速调制/解调器电路的原理框图与低速调制/解调器是一样的,不同之处在于具体电路,如何实现"高速",通常采取以下措施。

(1)高速数据频域并行处理。以目前的器件技术水平,在处理高达 1 Gb/s 以上时有很大的技术难度,常用的办法是采用多路并行处理以降低每路的处理速度。

(2) 数字信号处理的快速算法及方案选择。

(3) 高速模/数(A/D)采样。

A/D 采样是解调器实施各种算法的瓶颈,A/D 采样的质量直接影响解调的质量,其中最关键的是 A/D 采样的精度和 A/D 的输出信噪比,同时应确保高速输出数据间无串扰。通常采用双路 8bit,极高采样速率的超高速 A/D 器件。

(4) 严格的 PCB 设计。PCB 布线布局时采用先进的高速 PCB 设计软件,PCB 设计软件要严格仿真,对阻抗匹配、时延、串扰、电磁干扰(electromagnetic interference,EMI)等进行严密设计。

(5) 提高电路的高频性能、减少分布参数和高频干扰的影响,可采用模块化设计,各模块加装屏蔽盒等措施。

高速数据传输设计的难点是解决接收信号在具有大的多普勒频移(2 400 kHz)环境下,高速平台数据传输信号的无稳态相差跟踪解调接收技术,高速调制信号的并行解调算法,以及速率连续可变的高速纠错译码算法。由于解调速率较高,中频频率较高,给解调器研制带来了极大困难。首先,必须解决低信噪比稳定工作问题,即解调器的入锁门限必须降到 5 dB 甚至更低。其次,必须减少由于解调器自身不完善造成的载噪比损失。要提高解调器的性能,其根本途径就是进一步降低解调器各单元、部件引入的载噪比恶化量,包括解调器中频传输信道,中频滤波器、基带接收滤波器要具备平坦优质的幅频响应及群时延特性;输入饱和电平、输入输出阻抗及回波损耗设计合理;本地参考源、频率合成器有低的相位噪声及杂散;载波、时钟恢复环路均采用数字锁相环,以保证尽可能低的工作门限和极小的均方根相位抖动误差;另外,高速数据的转换输出及其接口,要做到隔离度好,避免引入串扰产生误码等。

4.4.4 图像压缩编码技术

目前,数字图像处理在信息传输系统中有着广泛的应用。数字图像的数据量往往非常大。以 1 024×1 024 的图像为例,8 bit 量化的灰度图像需要 1 MB 的数据量,24 bit 量化的彩色图像需要 3 MB 的数据量。而实际应用中的图像并不是单独存在的,往往是连续、多频谱的图像,这无疑会给图像的存储、处理和传输带来极大的困难,给信息传输系统带来了很大的压力。因此,图像压缩编码技术越来越关键。

图像压缩编码,即在满足一定保真度的要求下,对图像数据进行变换、编码和压缩,去除多余数据,减少表示数字图像时需要的数据量,以便于图像的存储和传输。图像压缩往往基于图像数据的以下两个特性:

(1) 图像信息中存在着很大的冗余度,图像数据间存在着相关性,如相邻像素之间的色彩的相关性、图像各部分之间的分形相关性等。进行图像压缩的实质就是尽量去除像素间的相关性。以统计数学的观点来看,这一过程实际上就是将二维像素矩阵变换为统计上不相关的数据集合。

(2) 由于人眼是图像信息的接收器,人眼的生理特性不需要高的空间分辨率和灰度分辨率,所以可利用该特点来实现对图像的高压缩比,使得解压后的图像仍有令人满意的质量。这种压缩方式对于信息是有损失的,只要损失的数据不会影响人眼的主观接收效果,就可以采用这种压缩方法。

1. 图像编码的分类

根据编码过程中是否存在信息损耗可将图像编码分为无损压缩和有损压缩。

(1) 无损压缩。无信息损失,解压缩时能够从压缩数据精确地恢复原始图像。

(2) 有损压缩。不能精确重建原始图像,存在一定程度的失真。

根据编码原理可以将图像编码分为熵编码、预测编码、变换编码和混合编码等。

(1) 熵编码。熵编码是纯粹基于信号统计特性的编码技术,是一种无损编码。熵编码的基本原理是给出现概率较大的符号赋予一个短码字,而给出现概率较小的符号赋予一个长码字,从而使得最终的平均码长很小。

(2) 预测编码。预测编码是基于图像数据的空间或时间冗余特性,用相邻的已知像素(或像素块)来预测当前像素(或像素块)的取值,然后再对预测误差进行量化和编码。预测编码可分为帧内预测和帧间预测,常用的预测编码有差分脉码调制(differential pulse code modulation, DPCM)和运动补偿法。

(3) 变换编码。变换编码通常是将空间域上的图像经过正交变换映射到另一变换域上,使变换后的系数之间的相关性降低。图像变换本身并不能压缩数据,但变换后图像的大部分能量只集中到少数几个变换系数上,采用适当的量化和熵编码就可以有效地压缩图像。

(4) 混合编码。混合编码是指综合了熵编码、变换编码或预测编码的编码方法,如 JPEG 标准。

根据对压缩编码后的图像进行重建的准确程度,可将常用的图像编码方法分为信息保持编码和保真度编码两类。

(1) 信息保持编码。也称无失真编码,它要求在编解码过程中保证图像信息不丢失,从而可以完整地重建图像。信息保持编码的压缩比较低,一般不超过3∶1,主要应用在图像的数字存储方面,常用于医学图像编码中。

(2) 保真度编码。主要利用人眼的视觉特性,在允许的失真(lossy)条件下或一定的保真度准则下,最大限度地压缩图像。保真度编码可以实现较大的压缩比,主要用于数字电视技术、静止图像通信、娱乐等方面。对于这些图像,过高的空间分辨率和过多的灰度层次,不仅增加了数据量,而且人眼也接收不到。因此在编码过程中,可以丢掉一些人眼不敏感的信息,在保证一定的视觉效果条件下提高压缩比。

2. 图像编码标准

在实际工程应用中,常用的图像压缩编码标准是 JPEG 标准。

JPEG(joint photographic experts group),即联合图像专家组,主要采用预测编码、离散余弦变换和熵编码的联合编码方式,属于有损压缩格式。压缩比在 16~32,可以满足大部分应用需求。

4.4.5 视频编码技术

视频编码是指通过特定的压缩技术,将某个视频格式的文件转换成另一种视频格式文件。视频信号数字化后数据速率很高,通常在 20 MB/s 以上,因此计算机很难对之进行保存和处理。采用压缩技术通常将数据速率降到 1~10 MB/s,这样就可以将视频信号保存在计算机中并作相应的处理。目前视频流传输中最为重要的编解码标准有国际电联的 H. 261、H. 263、H. 264,运动静止图像专家组的 M - JPEG,以及国际标准化组织运动图像专家组的 MPEG 系列标准。

4.4.5.1 视频编码技术分类

视频图像数据有着极强的相关性,也就是说存在着大量的冗余信息。冗余信息可分为空域冗余信息和时域冗余信息。压缩技术就是将数据中的冗余信息去掉(去除数据之间的相关性),包含帧内图像数据压缩技术、帧间图像数据压缩技术和熵编码压缩技术。

1. 去空域冗余信息

主要使用帧间编码技术和熵编码技术去除空域冗余信息。

(1)变换编码。帧内图像和预测差分信号都有很高的空域冗余信息,变换编码将空域信号变换到另一正交矢量空间,使其相关性下降,数据冗余度减小。

(2)量化编码。经过变换编码后,产生一批变换系数,对这些系数进行量化,使编码器的输出达到一定的位率。这一过程会导致精度的降低。

(3)熵编码。熵编码是无损编码,它对变换、量化后得到的系数和运动信息,进行进一步的压缩。

2. 去时域冗余信息

使用帧间编码技术可去除时域冗余信息,包括以下三个部分:

(1)运动补偿。运动补偿是通过先前的局部图像来预测、补偿当前的局部图像,它是减少帧序列冗余信息的有效方法。

(2)运动表示。不同区域的图像需要使用不同的运动矢量来描述运动信息。运动矢量通过熵编码进行压缩。

(3)运动估计。运动估计是从视频序列中抽取运动信息的一整套技术。

传统的压缩编码是建立在香农(Shannon)信息论基础上的,它以经典的集合论为基础,用统计概率模型来描述信源,但它未考虑信息接受者的主观特性及事件本身的具体含义、重要程度和引起的后果。因此,压缩编码的发展历程实际上是以香农信息论为出发点,一个不断完善的过程。

4.4.5.2　H.264 编码

2003 年 5 月,由国际标准化组织及国际电工委员会与国际电信联盟远程通信标准化组组成的联合视频组(Joint Video Team, JVT)推出了 H.264 新标准。H.264 以其高效的编码效率和良好的网络适应性能,以及相应的新技术,引起人们广泛关注。

H.264 编码的主要优点如下:

(1)在相同的重建图像质量下,H.264 比 H.263+和 MPEG－4(SP)减小 50%的码率。

(2)对信道时延的适应性较强,即可工作在低时延模式以满足实时业务,如电视会议等,又可以工作于无时延限制的场合,如视频存储等。

(3)提高网络适应性,采用"网络友好"的结构和语法,加强对误码和丢包的处理,提高解码器的差错恢复能力。

(4)在编/解码器中采用"复杂度可分级"设计,即在图像质量和编码处理之间可分级,以适应不同复杂度的应用。

相较于先期的视频压缩标准,H.264 引入了很多先进技术,包括 4×4 整数变换、空域内的帧内预测、1/4 像素精度的运动估计、多参考帧与多种大小块的帧间预测技术等。新技术带来了较高的压缩比。

H.264 系统采用运动补偿加变换编码的混合结构,其编码技术如图 4－20 所示。H.264 编码主要由帧内预测、帧间预测(运动估计与补偿)、近似 DCT 的整数变换、量化和熵编码等构成。

H.264 采用帧内(Intra)和帧间(Inter)两种编码模式。对于 I 帧图像,采用帧内模式编码,对于 P 帧(前向预测帧)和 B 帧(双向预测帧)图像,则采用帧间模式编码。在宏块层编码内,也可以选择帧内模式编码,编码都以互不重叠的宏块(macro-block)为单位进行,宏块定义为 16×16 个像素块。

对于 I 帧图像,首先进行帧内预测,然后对预测后的残差信号(原始值与预测值之差)进行近似 DCT 的整数变换和量化,再对量化后的系数进行变长编码或算术编码,生成编码码流。最后,经反变换、反量化等过程重构图像,以用于后续帧编码时的参考图像。对于 P 帧图像,首先进行多模式多参考帧的高精度运动估计和帧内预测,并根据失真率优化(rate distortion optimization, RDO)选择帧间、帧内编码模式和相应的分块模式,然后对残差信号进行变换、量化和熵编码,生成编码码流。最后,经反变换、反量化重构图像,用于后续编码时的参考图像。对于 B 帧图

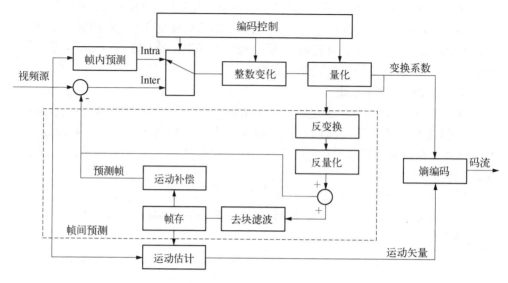

图 4-20 H.264 编码框架

像,与 P 帧图像相似,首先采用双向预测技术进行多模式多参考帧的运动估计和帧内预测,并根据失真率优化选择最佳编码模式,然后对运动补偿后的残差信号进行变换、量化和熵编码。

H.264 实现了视频的更高压缩比、更好的图像质量和良好的网络适应性,其抗丢包、抗误码能力和良好的网络适应性,使其非常适于 IP 网络和无线传输的遥感应用场景。

4.5 本章小结

本章按照"总-分"结构模式,简要阐述了无人机链路系统的工作原理以及遥测、遥控、遥感链路系统的相关原理与技术,主要介绍了遥测信息传输系统的基本模型、数字同步技术、分包遥测技术;遥控信息传输系统的基本模型、差错控制技术、信道编/译码技术;遥感信息传输系统的基本模型、高速数据传输技术、图像压缩编码技术和视频编码技术。

思 考 题

1. 简述无人机链路系统的组成。
2. 测控与信息传输系统的主要功能是什么?
3. 遥控链路数据传输的特点是什么?

4. 遥控链路数据传输对通信要求的关键指标有哪些？实现该指标的关键技术是什么？

5. 无人机链路系统的"三合一"综合信道体制是什么？

6. 无人机链路系统的抗干扰体制有哪些？

第五章
无人机任务规划原理与技术

【知识导引】

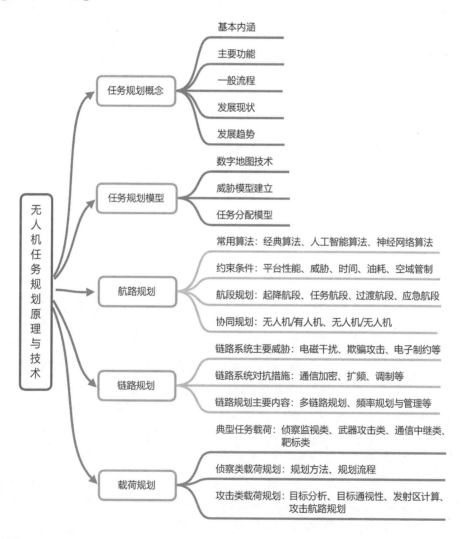

- 任务规划概念
  - 基本内涵
  - 主要功能
  - 一般流程
  - 发展现状
  - 发展趋势
- 任务规划模型
  - 数字地图技术
  - 威胁模型建立
  - 任务分配模型
- 航路规划
  - 常用算法：经典算法、人工智能算法、神经网络算法
  - 约束条件：平台性能、威胁、时间、油耗、空域管制
  - 航段规划：起降航段、任务航段、过渡航段、应急航段
  - 协同规划：无人机/有人机、无人机/无人机
- 链路规划
  - 链路系统主要威胁：电磁干扰、欺骗攻击、电子制约等
  - 链路系统对抗措施：通信加密、扩频、调制等
  - 链路规划主要内容：多链路规划、频率规划与管理等
- 载荷规划
  - 典型任务载荷：侦察监视类、武器攻击类、通信中继类、靶标类
  - 侦察类载荷规划：规划方法、规划流程
  - 攻击类载荷规划：目标分析、目标通视性、发射区计算、攻击航路规划

无人机任务规划原理与技术

　　任务规划是无人机进行作战决策和行动的重要支撑和前提。过去传统基于人工作业的简略任务筹划,正随着信息技术的不断发展,向基于计算机软件工具的精细化任务规划模式发展,使得作战思想和理论能够快速、精准地转变为无人机行动方案,用以设计和筹划无人机作战,被称为作战效能的倍增器。本章概述任务规划的基本概念,介绍任务规划中涉及的地理空间模型、威胁模型和任务分配模型,重点阐述无人机航路规划的基本原理、方法和流程,阐述无人机链路系统的主要功能和组成、链路使用规划,阐述无人机侦察规划、攻击规划的方法和流程。

5.1　无人机任务规划基本概念

　　本节阐述无人机任务规划的内涵、功能、流程、发展等基本概念。主要内容包括无人机任务规划基本内涵、主要功能、一般流程,以及国内外无人机任务规划技术的发展现状与趋势。

5.1.1　基本内涵

　　任务规划(mission planning, MP),其本意就是对任务进行规划,即对工作实施过程和方法的组织、筹划。这里的"任务"一般指交派的工作、承担的责任等,是规划的对象,包含的要素有什么单位、什么人、在什么时间、什么地方、干什么事等。"规划"一般要依据准确的数据,运用科学的方法在实际行动实施之前进行从整体到细节的筹划,目的是要将规划作为实际行动的具体指导。任务规划就是对工作实施过程、方法的组织和计划。

　　无人机任务规划是一个约束众多、复杂且耦合的多目标优化与决策问题,需要综合利用运筹学、智能计算以及计算几何等理论和技术降低问题求解难度。无人机任务规划主要目标是依据战场环境信息,以完成作战任务为目标,在确保无人机安全的前提下,规划无人机完成任务的策略。它需要综合考虑无人机性能、到达时间、油耗、威胁及空域管制等约束条件,为无人机规划出一条或多条能够完成整个任务最优或令人满意的航线,并确定任务载荷的配置使用及数据链路的工作计划,保证无人机圆满完成任务。无人机任务规划是根据无人机所要完成的任务、无人机的数量及任务载荷的不同,对无人机完成具体作战任务的设定与统筹管理。无人机任务规划一端承载着无人机与作战体系的交联,另一端承载着对无人机的引导和控制,其本身虽不具备任何杀伤效果,但却是作战效能提升的倍增器。

5.1.2　主要功能

　　由于缺少人在机上的实时决策,无人机对任务规划的依赖性更强,它是无人机作战使用的重要环节。其中,战场环境分析、航路规划、任务载荷规划、数据链路规划、应急处置规划、冲突检查、任务推演与评估以及数据生成与加载是无人机任务规划的主要功能,如图 5-1 所示。

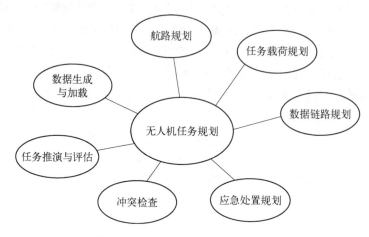

图 5-1　无人机任务规划主要功能

（1）航路规划。综合考虑无人机飞行性能、地形、威胁、油耗、空域等约束条件,规划无人机从起始点到目标点最后返回的航路,同时为了增加安全冗余,还要规划备用可行航路。航路主要包括机场关联航路、中间航路、任务航路。机场关联航路为无人机起降阶段与机场关联的航线,在第一次飞行规划后,同机型无人机在后续执行任务时可直接复用或稍作修改后使用。中间航路为无人机在机场起飞后至任务区域和从任务区域返回至机场的航路,此阶段航路要考虑到威胁规避、航路最短、油耗最少等约束,得到最满意或较优航路。任务航路需结合无人机所携带载荷设备及任务要求进行规划,如侦察、监视、攻击等任务约束,规划满足要求的航路。

（2）任务载荷规划。无人机能够完成各项任务依赖自身携带的载荷设备,这些设备的使用需提前按照任务要求进行必要的规划。当前,无人机主要用于图像侦察、情报收集、目标监视、毁伤效果评估、人员搜救、对地攻击等任务,根据作战任务和情报信息,合理配置无人机载荷资源,确定载荷设备的工作模式。常见的载荷规划主要有侦察类载荷规划和攻击类载荷规划。

（3）数据链路规划。无人机链路系统是一个空-地双向数据传输链路,通过机载终端和地面终端的接收、发送设备,形成信息通信的闭环。无人机与地面站之间通过无线数据链路传递遥控、遥测、情报信息等数据。规划内容主要有视距/卫通链路控制权交接、工作频率设置、无人机天线全向/定向使用、功率配置等。在实际作战使用中链路还要进行加密,采取抗干扰措施保证无人机与地面站链路的正常通信。无人机链路是连接无人机平台与地面站的"纽带",它虽然看不见摸不着,却是无人机能够完成任务的必要条件。

（4）应急处置规划。无人机在飞行过程中可能会遇到通信链路中断、发动机空中停车、机翼结冰、舵机故障、传感器故障等突发情况，针对这些情况需要规划应急航路、迫降点、无动力返场、备降机场及链路问题应急处置等内容。预先应急规划后，在飞行中遇到突发情况，无人机可自行切换到应急航路上或由地面站人员发送指令进行切换。

（5）冲突检查。初步完成航路、载荷、链路规划后，需要对规划的计划信息进行冲突检查。一般检查项包括无人机性能、地形规避、威胁规避、载荷性能、空域使用、频率使用等。如果检查不通过，则需重新对有冲突位置进行修正，保证计划数据在基础数值校正层面满足无人机的各项要求。

（6）任务推演与评估。在完成任务规划后，通过任务推演完成对无人机作战效果的预估和判断，并反馈指导决策，形成最终作战计划。对任务规划结果进行动态推演，从而对拟制完成的作战计划进行正确分析，计算达成作战目标的程度，并以形象的方式表达任务规划意图，最终作为辅助决策手段供作战部门和指挥员决策。

（7）数据生成加载。将航路规划、载荷规划、链路规划、应急处置规划等内容和结果，按照对应机型数据格式要求生成机载数据，并通过数据加载卡或链路加载到无人机上。

5.1.3　一般流程

根据无人机可能面临的任务和作战样式，同时考虑机型特点和载荷能力，将无人机的典型任务类型分成侦察监视、预警探测、信息对抗与信息支援、无人机攻击作战、有人-无人机协同作战5类任务。

无人机在执行各类任务时，任务规划基本流程是相似的。无人机任务规划是将作战环境、作战任务、作战经验、作战资源以及具体作战样式的精确化、数字化描述，能够对航路、链路、载荷等设备进行规划，并能够对计划内容进行正确性判断，最后作为无人机飞行任务的依据，具体流程如图5-2所示。

（1）数据准备。接收并解析上级作战任务信息，在任务规划软件上依据情报信息绘制任务区、威胁区，同时整理气象、空域管制、通信链路等约束条件，为后续规划提供数据支撑。一般情况下，起降航线与机场点关联，可以按照一定的算法自动生成，后续规划时可以复用。

（2）航路规划。规划出无人机从跑道起飞、飞往任务区、返回着陆整个过程的可行航路。所规划的航路要满足无人机性能约束，如高度、速度、转弯半径、爬升率等，然后综合考虑气象影响、安全性、经济性、隐蔽性、任务可达性等约束条件。航路规划的数据是无人机飞行的依据，直接影响其执行任务效率和结果。

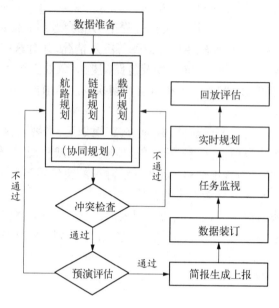

图 5-2　任务规划流程图

（3）链路规划。对于中大型无人机其远距飞行时,受地球曲率、山体等影响,视距链路会有一定范围限制,这时需要切换到卫通链路。根据频率管控要求及战场电磁环境特点,制定不同飞行阶段测控链路的使用策略,包括视距或卫通链路的选择、链路工作频段、频点、使用区域、使用时段、功率控制以及控制权交接等。

（4）载荷规划。针对侦察监视、目标打击、电子对抗等不同任务类型,规划对应任务载荷设备的工作参数。载荷规划是无人机完成任务的关键,与航路、任务区结合,经分析计算后设置设备在对应位置工作的相关参数。如 SAR,需要在指定航路点上设置上电/下电,工作模式有聚束、条带、动目标监视等,具体参数需设置作用距离、分辨率、倾斜角等。

（5）协同规划。此步骤依据实际需求而定,单机执行任务能力有限,为提高作战效能,通常协同有人机/无人机发挥各自优势完成任务,可达到最佳效果。规划包括与同类型无人机、不同型号无人机、有人机等在时间、空间、状态等配合规划。

（6）冲突检查。对航路、链路、载荷等完成规划后,需要在地形、平台性能、载荷性能、空域、通信频率等方面进行解算,查看结果是否存在冲突,同时给出冲突提示和冲突消解建议,以支持规划人员消解冲突,如果有问题返回到对应位置修改参数。

（7）计划推演与评估。在二维或三维场景下,模拟无人机实际飞行效果,通过任务推演完成对无人机作战效果的预估和判断,并反馈给作战部门和指挥员指导决策,形成最终作战计划。

(8) 简报生成与上报。根据系统任务简报配置文件要求,生成需要的 WORD、PDF 等格式的规划结果报表文档,用于指挥人员检查批准任务执行、无人机机组人员执行任务依据、地勤人员工作参考以及作战计划信息汇总交流。

(9) 数据装订。将规划出的计划文件转换成对应机型的格式文件,通过链路或存储卡加载到无人机平台上,至此预先规划阶段完成,无人机可依据计划执行任务。

(10) 任务监视。接收无人机的遥测数据,结合任务计划数据,在地图组件上按时间、航路点显示任务计划进度和实际飞行航线,监视无人机(组)任务执行情况,当任务偏离(如偏航距)大于给定阈值时给出提示告警信息,并触发应急规划或在线实时规划功能。

(11) 实时规划。也叫在线规划,当无人机执行任务过程中遇到突发情况或者任务发生变化时,一般需要重新规划任务航路、应急航路、返航航路、备降机场等。

(12) 数据回放与评估。接收系统的飞行记录数据或历史飞行记录数据,在进行分析校准等处理的基础上,通过飞行记录数据回放,支持任务执行情况的总结讲评。

5.1.4　发展现状

无人机任务规划利用专门的任务规划系统,产生任务规划的结果数据并加载给无人机装备,因此,规划过程具有显式的信息流动和信息控制,规划结果与装备作战使用密切耦合、与装备作战的全过程紧密交互。

5.1.4.1　外军任务规划系统的应用现状

任务规划在军事领域起源于军用飞行器,美军的任务规划系统起步最早、发展最快、技术最先进。1972 年,因为"战斧"巡航导弹的作战需要,美军开始进行任务规划系统的开发,后来逐步拓展到各种战术飞机和精确制导武器。20 世纪 80 年代,任务规划系统主要在较原始的地理信息系统(GIS)上绘制飞行航线,并将表格数据自动加载到数据传输设备上,然后通过数据传输设备加载规划数据到飞机或导弹上。1991 年,爆发了举世瞩目的海湾战争,任务规划系统在此次实战中发挥出强大的作用,引起了各国的高度重视。随后,美军各个军兵种、各指挥层面先后发展了多种类型的任务规划系统。

以美空军为例,其任务规划系统主要分为上层(战役级)任务规划系统和战术级任务规划系统。上层任务规划系统装备于美军战术空军的战斗规划部,属于联合军级使用的任务规划系统,主要有战术专家任务规划装置、军级任务规划系统和先进任务规划系统;战术级任务规划系统有计算机辅助任务规划系统(Computer Assistant Mission Planning System, CAMPS)、任务支援系统(Air Force Mission Support

System，AFMSS)、便携式任务规划系统(Portable Mission Planning System，PMPS)等。另外,美军海军、海军陆战队及美国陆军均装备有自身的任务规划系统。

与此同时,其他军事发达国家也非常重视对任务规划系统的研究和应用。英国空军装备的"Pathfinder2000"和先进任务装置任务规划系统,能支持鹞式 GR.7、狂风战斗机及欧洲战斗机等进行攻击。法国空军装备有系列化飞机任务规划系统,用于制作任务规划和攻击规划。意大利马可尼公司开发了具有任务规划能力的任务支持系统,可用于地面对空指挥或加装在作战飞机平台上,成为战术飞行管理系统的组成部分。

5.1.4.2　美军典型战术任务规划系统

1. CAMPS、MSS-I、MSS-II、AFMSS、PMPS

CAMPS 是美国空军的计算机辅助任务规划系统,最初启动于 1980 年。1983 年启动基于 UNIX 硬件平台的 F-16 任务规划系统,项目名称为任务支持系统(Mission Support System I，MSS-I)。1986 年扩展了 F-15 飞机任务规划支持,项目名称为 MSS-II,系统可以同时支持 4 个席位同时规划。1988 年该系统应用于 F-111 飞机的任务规划,1991 年投入海湾战争使用。1992 年美国空军将项目名称更改为空军任务支持系统(AFMSS)。1996 年,经过对 AFMSS 的裁剪,美国发布便携式任务规划系统(PMPS)。上述系统均运行在 UNIX 操作系统上,直到1998 年,美国空军决定不再装备新的基于 UNIX 平台的任务规划系统,只对原有系统作软件升级改造。

2. TAMPS

美国海军战术自动任务规划系统(Tactical Automated Mission Planning System，TAMPS)启动于 1985 年,其功能与 MSS-II 相似,是海军基于 UNIX 平台开发的针对固定翼飞机、旋转翼飞机和无人机的任务规划工具,计划支持 F/A-18、F-14B/D、E-2、E-3B、KC-130、AH-1、SH/HH-60、MH-53、UH-1、P-3C 等飞机和多种精确制导弹药、联合攻击弹药和防区外攻击武器、防区外陆基导弹等武器系统的任务规划。TAMPS 在 1990 年前发布 6.0 版本,于 1994 年完成系统测试。1999 年完成 6.2 版本,2001 年在 F-14 作战测试时效果并不理想,测试报告公布后,海军正式终止 TAMPS 项目。

3. FPlaner、PFPS

1980 年,美国空军在发展基于 UNIX 平台的任务规划系统的同时,一群爱好计算机的美军飞行员,极其厌烦操作繁琐、复杂的 UNIX 大型计算机系统,在一个车库里试图开发一种基于普通个人计算机(person computer，PC)DOS 操作系统平台的任务规划系统,命名为飞行规划者(flight planer，FPlaner)。1989 年,FPlaner 得到美国空军上层的关注,并要求基于 UNIX 平台的主流任务规划系统效仿 FPlaner,改善操作界面、优化软件程序。

1990 年开始,美国空军所有在 UNIX 平台开发的规划工具和软件模块,同时发布 PC 平台版本,在 UNIX 平台和 PC 平台的两套任务规划系统并行发展。1992 年这一平衡被打破,美国空军主持发展任务规划系统的部门从之前的作战部变更为电子信息系统部。电子信息系统部将 UNIX 平台下的任务规划系统重命名为 AFMSS,纳入指挥控制系统,计划用一套系统包含所有功能。同时,将原 PC 版本的 FPlaner 更名为便携式飞行规划软件(Portable Flight Planning Software, PFPS),并独立发展,1996 年升级到 Windows 平台。AFMSS 系统过于庞大、复杂,操作界面和风格设计远远不及界面友好、运行速度快的 PFPS,后者深受飞行员的喜爱,并广泛流行开来。

到目前为止,PFPS 能够支持包含 F - 22 在内的 117 型飞机,以及包含核弹在内的 40 多种机载武器的任务规划,在美国空军、海军、陆军等单位迅速得到推广普及。美国海军于 1998 年引进 PFPS,并更名称为 N - PFPS,1999 年完成测试,2001 年开始代替 TAMPS 在海军服役。

5.1.4.3　美军联合任务规划系统——JMPS

随着计算机技术、网络技术、通信技术等相关技术的不断更新,任务规划系统实现的功能和需求也在不断改进,并且在多军兵种联合作战需求推动下,任务规划系统向开放化、互联化、集成化和组件化方向发展。美军在前期各军种任务规划系统独立发展的基础上,经过多方协调,2003 年美国空军同意对海军开放 PFPS 代码,联合开发新一代航空兵战术任务规划系统通用体系架构,并取名为联合任务规划系统(Joint Mission Planning System, JMPS),目标是建立陆海空三军战术层面上的联合任务规划平台。美国空军希望将 JMPS 改进成一个可裁剪、可重新配置的框架,提高系统的稳定性、存储管理质量等性能,这样任务规划人员和飞行员能够更快速和有效地规划作战任务。这个以网络为中心的框架可以在飞机和作战中心之间实现更大数量的战术数据共享,从而显著增强战场环境感知能力。

JMPS 的目的是取代早期的 MPS,向机组人员提供结构更加合理的自动飞行、武器、传感器任务规划工具。JMPS 能够提供面向所有飞行阶段的单元级任务规划,并且最终发展成支持美国空军、海军、海军陆战队、陆军和特种作战司令部所有固定翼和旋翼飞机、武器、传感器,以及精确制导弹药、巡航导弹和无人机的综合任务规划系统。美军 JMPS 使用示意如图 5 - 3 所示。

JMPS 由基本运行架构、通用软件组件、基本的任务规划器,以及专用规划组件(Unique Planning Component, UPC)软件模型组成。UPC 用于向特别的飞行平台及武器系统提供独特的功能。JMPS 具有多种配置方案,以适应机载或陆上使用环境。JMPS 符合通用操作环境需求,适用于 Windows 操作系统。JMPS 的版本发展如下:

(1) 1999 年诺斯罗普·格鲁曼信息技术公司(Northrop Grumman Information

美军任务规划员、
飞行员等作战使用人员

图 5-3　美军 JMPS 使用示意图

Technology，NGIT)被授权开发 JMPS 1.0 版本,其框架和通用软件组件适用于基本的飞行规划能力。NGIT 还提供了一个通用软件组件和一个软件开发工具箱,以使独立开发者可以开发特殊飞行器及其他通用化 UPC。JMPS 1.0 最终于 2003 年3 月 17 日发布,但是并没有被投入实际使用。

(2) 2001 年 7 月,海军授权 NGIT 开发 JMPS 1.1 版。1.1 版本是第一个投入使用的 JMPS 版本,该版本用于海军的 F-14、F/A-18 和 E-2C 飞机。1.1 版本增强了 JMPS 1.0 加密密钥支持、全球定位系统星历支持等功能。该版本也增加了精确制导弹药的任务规划能力,允许其任务规划在网络服务器环境中实现,支持离线任务规划,具备与重要数据源(如天气、图像、目标数据、威胁数据和攻击规划)的交互接口。1.1 版采取螺旋式开发方式,相继开发了 3 个测试版。

(3) 2003 年 3 月,美国空军指派 NGIT 为 JMPS 增加功能,随之产生了 JMPS1.2 版。JMPS 1.2 版使美国空军具有精确制导弹药的规划能力,并使精确制导弹药的航路与飞机航路规划相连接。功能的增强使 JMPS 任务规划系统适用于更多的机型。

(4) 2010 年 JMPS 完成 UN-1N、CH-64E、CH-53D 三种机型的测试,

2011 年完成了 RC‑135、F‑22、A‑10、E‑3、E‑8 五种机型的测试。美国空军计划用 JMPS 代替 PFPS 成为主流的战术任务规划系统。

5.1.5　发展趋势

5.1.5.1　通用化

无人机的型号种类繁多,可搭配的载荷也具有多样化特点,同一机场部署的机型可能有多类,尤其是无人机具有基地化部署的使用特点。针对无人机战术规划系统的多机型通用化成为必然趋势。

无人机通用化地面站的典型应用方式是基地化部署、分散使用,这种情况下,必然存在"一机多站控"的基本形式,包括单起降站和单任务站的交接班控制,以及多起降站和多任务站的交接班控制等,这些新情况对无人机的通用任务规划提出了相应的要求,即要求无人机通用任务规划系统应具备"一站规划多段(航线分段)、多站联合规划(各规划一段航线)、多站协同规划(协同规划多架飞机航线)"的能力。

5.1.5.2　智能化

近几年人工智能技术突飞猛进,作为信息技术综合集成的任务规划系统,借助于人工智能技术,在人机交互方式、辅助指挥决策、智能优化等方面进入一个全新的阶段。

一是"智能推荐技术"实现最优方案推荐。利用平时研讨商定保存下来的侦察航线、打击航线等方案,战时根据战场态势信息自动进行相似度计算,然后推荐最优方案并给出匹配度。这样可以大大加快决策效率,提升决策质量。

二是"深度强化学习技术"开展对抗型作战推演。利用深度强化学习技术,基于模拟的战场环境和对抗对手进行强化训练,通过对抗型作战训练和推演,提升作战指挥员的指挥决策水平。

5.1.5.3　实时化

现代战场作战节奏快,各种远程、高速、高精度武器系统的出现和运用使得无人机系统面临更为严峻的实时威胁。以精确制导武器运用为例,其传感器能够捕捉到可利用的目标信息,经计算机分析鉴别后自主跟踪攻击目标,在此情况下,任务规划的实时性就成为无人机作战制胜的关键点。通过提升无人机的实时任务规划功能,强化无人机规避各种突发威胁的能力,能够确保无人机作战任务的完成。

5.2　无人机任务规划模型

本节阐述无人机任务规划中涉及的地理空间模型、威胁模型以及无人机任务分配模型。主要内容包括无人机数字地图技术、无人机威胁模型和无人机任务分配模型。

5.2.1 无人机数字地图技术

5.2.1.1 基本概念

数字地图存储在计算机的硬盘、软盘或磁带等介质上,地图内容通过数字来表示,需要通过专用的计算机软件对这些数字进行显示、读取、检索、分析。数字地图上可以表示的信息量远大于普通地图。

数字地图是用数字形式描述地图要素的属性、定位和关系信息的数据集合。最初由美国莱特-帕特森空军基地航空电子设备实验室提出,随之产生了多种多样的数字地图系统,其在军事、地理、勘探、航空、旅游等领域发挥着重要作用。数字地图利用数字化技术,将地形、地物等信息以数据的形式存储起来,以便各种电子设备调用。在计算机技术飞速发展、高技术兵器大量使用的今天,数字地图已成为先进作战武器探测和制导系统的重要组成部分,成为无人机执行各类任务、精确寻找目标的真正"向导"。无人机任务规划要基于数字地图技术进行,可快速将航路、链路、载荷等与地形相关属性的规划数据形象地显示出来。

数字地图可以方便地对普通地图的内容进行任意形式的要素组合、拼接,形成新的地图,可以对数字地图进行任意比例尺、任意范围的绘图输出。它易于修改,可极大缩短成图时间,并可以方便地与卫星影像、航空照片等其他信息源结合,生成新的图种。还可以利用数字地图记录的信息,派生新的数据。例如,地图上用等高线表示地貌形态,利用数字地图的等高线和高程点生成数字高程模型,将地表起伏以数字形式表现出来,直观立体地表现出地貌形态。这是普通地形图不可能达到的表现效果。

5.2.1.2 主要特点

数字地图的主要特点有以下几点:

(1) 可以快速存取显示;

(2) 可以实现动画;

(3) 可以将地图要素分层显示;

(4) 利用虚拟现实技术将地图立体化、动态化,令用户有身临其境之感;

(5) 利用数据传输技术可以将电子地图传输到其他地方;

(6) 可以实现图上的长度、角度、面积等的自动化测量。

随着数字地图的建立,以及计算机广泛运用于现代武器装备系统中,战争中的网上角逐越演越烈引发了军事领域的深刻变革,军用数字地图悄然走向未来信息化战场的前台,成为指挥与决策的"撒手锏"。

具体地说,军用数字地图是把战场上每一角落的信息都收集起来,放在计算机的数据库中,按照相关的地理坐标建立起完整的信息作战指挥模型。通过军用数字地图,指挥员可以快速、完整、形象地了解战场上敌我双方各种宏观和微观的情况。军用数字地图还有以下特点:

(1)显现形式多样化,既可通过绘图仪制成纸制地图,又可通过屏幕显示,而且能对重要地域进行局部放大,便于分析。

(2)通过计算机,军用数字地图可随时对地形、地貌的变化信息进行及时修正和补充,保证地图能反映出地形的最新面貌,使指挥员随时掌握全面而准确的战场地形。

(3)储存的信息种类多,且便于传输。军用数字地图不仅能用图形符号形象地表示全部地形要素,还能提供相邻点间的位差、性质等数据信息,使指挥员对地形情况一目了然。

5.2.1.3 一般分类

数字地图发展到今天有很多种类,如数字矢量地图(digital line graph,DLG,又称数字线划地图)、数字栅格地图(digital raster graph,DRG)、数字正射影像图(digital orthophoto map,DOM)、数字高程模型(digital elevation model,DEM)和各种数字专题地图等。其中数字正射影像图(DOM)、数字高程模型(DEM)、数字栅格地图(DRG)和数字矢量地图(DLG)共同构成"4D"技术,是数字地图的主要技术。

1. 数字正射影像图

数字正射影像图以航拍图像或遥感影像(单色/彩色)为基础,如图5－4所示,经扫描处理后逐像元进行辐射改正、微分纠正和镶嵌,然后按地形图范围裁剪成影像数据,并将地形要素的信息以符号、线画、注记、公里格网、图廓(内/外)整饰等形式添加到影像平面上,形成以栅格数据形式存储的影像数据库。数字正射影像图具有地形图的几何精度和影像特征。

(a) 航拍图像 (b) 遥感影像

图5－4 航拍图像和遥感影像

1）影像特征

数字正射影像图具有精度高、信息丰富、直观逼真、获取快捷等优点,可以作为地图分析背景控制信息,也可从中提取自然资源和社会经济发展的历史信息或最新信息,为防治灾害和公共设施建设规划等应用提供可靠依据。还可从中提取和派生新的信息,实现地图的修测更新,并评价其他数据的精度、现实性和完整性。

2）制作方法

由于获取制作正射影像的数据源不同,以及技术条件和设备的差异,数字正射影像图的制作方法不同。主要包括下述三种方法。

（1）全数字摄影测量方法。通过数字摄影测量系统来实现,即对数字影像进行内定向、相对定向、绝对定向后,形成 DEM,然后按反解法做单元数字微分纠正,将单片正射影像进行镶嵌处理,接着按图廓线裁切得到一幅数字正射影像图,最后进行地名注记、公里格网和图廓整饰等。经过修改后,绘制成 DOM 或刻录光盘保存。

（2）单片数字微分纠正。如果一个区域内已有 DEM 数据及其相关相片控制成果,就可以直接使用该成果数据转换为 DOM。主要流程为:首先对航摄负片进行影像扫描,然后根据控制点坐标进行数字影像内定向,再由 DEM 成果做数字微分纠正,其余后续过程与上述方法相同。

（3）正射影像图扫描。若已有光学投影制作的正射影像图,则可直接对光学正射影像图进行影像扫描数字化,再经几何纠正就能获取数字正射影像的数据,如图 5-5 所示。几何纠正是直接针对扫描变换进行的数字模拟,总体过程可以看作是平移、缩放、旋转、仿射、偏扭、弯曲等基本变形的综合作用。

2. 数字高程模型

数字高程模型(DEM),是一定范围内规则格网点的平面坐标(X, Y)及其高程(Z)的数据集,主要描述区域地貌形态的空间分布,通过等高线或相似立体模型进行数据采集(包括采样和量测),然后进行数据内插而形成。

DEM 是用一组有序数值阵列表示地面高程的一种实体地面模型,是数字地形模型(digital terrain model, DTM)的一个分支,其他各种地形特征值均可由此派生。一般认为,DTM 是描述包括高程在内的各种地貌因子(如坡度、坡向、坡度变化率等)的线性和非线性组合的空间分布,而 DEM 是零阶单纯的单项数字地貌模型,坡度、坡向及坡度变化率等地貌特性可在其基础上派生,如图 5-6 所示。

1）建立方法

从数据源及采集方式来看,建立 DEM 的方法有以下几种。

（1）直接从地面测量建立。所涉及的仪器有水平导轨、测针、测针架和相对高程测量板等,也可以用 GPS、全站仪等高端仪器。

（2）根据航空或航天影像建立。通过摄影测量途径获取高程,涉及立体坐标仪观测及空三加密法、解析测图、数字摄影测量等手段。

图 5-5 光学正射影像图扫描

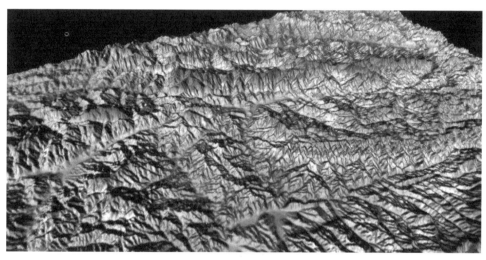

图 5-6 高程图

（3）从现有地形图上采集建立。采用格网读点法、数字化仪手扶跟踪及扫描仪半自动采集获取高程，然后通过内插生成 DEM。

DEM 内插方法很多，主要有整体内插、分块内插和逐点内插三种。

（1）整体内插的拟合模型由研究区内所有采样点的观测值建立。

（2）分块内插是把参考空间分成若干大小相同的块，对各分块使用不同的函数。

（3）逐点内插以待插点为中心，定义一个局部函数去拟合周围的数据点。数据点的范围随待插位置的变化而变化，因此又称移动拟合法。

2）计算方法

计算方法包括规则网络结构和不规则三角网（triangulated irregular network，TIN）两种算法，目前常用的算法是 TIN，通过等高线和高程点建立不规则的三角网，然后在三角网的基础上通过线性和双线性内插生成 DEM。

（1）规则网络结构算法。用规则方格网高程数据记录地表起伏。优点有：(X,Y) 位置信息可隐含，无需全部作为原始数据存储；由于是规则方格网高程数据，以后在数据处理方面比较容易。缺点有：数据采集较麻烦，由于网格点不是特征点，一些微地形可能没有记录。

（2）不规则三角网算法。优点是能以不同层次的分辨率来描述地表形态。与格网数据模型相比，TIN 模型在某一特定分辨率下能用更少的空间和时间更精确地表示更加复杂的表面，特别当地形包含有大量特征（如断裂线、构造线）时，TIN 模型能更好地顾及这些特征，如图 5-7 所示。

图 5-7　TIN 结构图

3）数据来源

DEM 的数据来源主要有摄影测量、地面测量、已有地形图数字化、已有的 DEM 库中提取等途径。

在实际工作中主要应用已有的大比例尺地形图扫描矢量化，或用全站仪、测距仪+电子平板直接测得测点的三维坐标。

4）重要指标

分辨率是 DEM 刻画地形精确程度的一个重要指标，同时也是决定其使用范围的一个主要影响因素。DEM 的分辨率是指 DEM 最小的单元格的长度。因为 DEM 是离散的数据，所以 (X, Y) 坐标其实都是一个一个的小方格，每个小方格上标识出其高程。这个小方格的长度就是 DEM 的分辨率。分辨率数值越小，分辨率就越高，刻画的地形程度就越精确，同时数据量也呈几何级数增长。所以 DEM 制作和选取时要根据需要，在精确度与数据量之间做出平衡选择。

3. 数字栅格地图

数字栅格地图（DRG）是现有纸质地形图经计算机处理后得到的栅格数据文件。数字栅格地图一般由数字矢量地图直接进行格式转换得到，因此在内容、几何精度和色彩上与基本比例尺地形图保持一致，如图 5－8 所示。

图 5－8　数字栅格地图

1）技术特征

数字栅格地图的地理内容、外观视觉样式与同比例尺地形图一样，平面坐标系采用 1980 西安坐标系大地基准，地图投影采用高斯－克吕格投影，高程采用 1985 国家高程基准。图像分辨率为输入大于 400 dpi、输出大于 250 dpi。

2）制作方法

（1）彩色底图。原图必须平整、无折，点线清晰、色彩标准；原图现势性应符合标准要求。一张纸质模拟地图，通过扫描仪，经 CCD 线阵传感器对图形进行分割，生成二维阵列系统，同时对每一系统的灰度（或分色）进行量化，再经二值化处理、图形定向、几何校正后，即形成一幅数字栅格地图。

（2）图形扫描。采用扫描分辨率不低于 400 dpi 的单色或彩色扫描仪进行扫描。

（3）图幅定向。将栅格图幅由扫描仪坐标变换为高斯投影平面直角坐标。坐标转换方式为大地测量常用的几大坐标以及转换方式。

（4）几何校正。消除图底及扫描产生的几何畸变。可以采用相关软件对栅格图像的畸变进行纠正，纠正时要按公里格网进行，通过仿射变换及双线性变换，实现图幅纠正。

（5）色彩纠正。用 Photoshop 等图像软件进行栅格编辑，对单色图按要素人工设色，对彩色图作色彩校正，为使色彩统一，应按规定的 RGB 比例选择所用的几种色调。

（6）最终产品。经过无损压缩的 TIFF 文件。

3）用途

数字栅格地图（DRG）作为背景可用于数据参照或修测拟合其他地理相关信息，也可用于数字矢量地图（DLG）的数据采集、评价和更新，还可与数字正射影像图（DOM）、数字高程模型（DEM）等数据信息集成使用，派生出新的可视信息，从而提取、更新地图数据，绘制纸质地图。

4. 数字矢量地图

数字矢量地图（DLG），是在现有地形图上将基础地理要素分层存储的矢量数据集。DLG 既包括空间信息也包括属性信息，可用于建设规划、资源管理等，也可作为人口、资源、环境、交通、治安等各专业信息系统的空间定位基础，如图 5-9 所示。

1）特点

数字矢量地图具有动态性，其内容和表现效果能够实时修改，内容的补充、更新极为方便；内容组织较为灵活，可以分层、分类、分级提供使用，能够快速地进行检索和查询；显示时，能够漫游、开窗和放大缩小；所提供的信息能够用于统计分析，进行辅助决策。常见到的数字矢量地图格式有 ArcInfo 的 E00 格式、MapInfo 的 MIF 格式、MapGIS 格式等。

2）数据组织方法及数据格式

数字矢量地图的数据按图幅进行组织，每幅地图由 3 类数据文件组成，即元数据文件、属性数据文件和坐标数据文件。每幅图的图号作为所有数据文件的前缀，

图 5-9 数字矢量地图

而后缀用来标识不同类型的数据文件。

元数据文件每幅图一个,它是数字地图的档案信息,含有多项内容,根据所描述的内容不同,分别用字符型、整型、双精度型、浮点型等数据类型表示,其长度和表示方法都有详细的规定。元数据文件中的内容主要包括数字地图生产单位、生产日期、图名、图号、图幅等高距、地图比例尺、图廓点坐标、地球椭球参数、大地坐标系统、地图投影方式、坐标维数、高程基准、主要资料、接边情况、地图要素更新方法及更新日期等属性数据文件,每一要素层 1 个文件。

属性数据文件主要用来记录某一要素层中点、线、面要素的编码名称、各种属性描述、地图图形特征及地图要素拓扑关系等信息。属性数据文件的格式首先是要素层属性项结构,然后是地图要素的图形特征[如是实体点、有向点还是结点,是折线还是曲线,是特殊面(有嵌套关系的面)还是一般面],接下来是地理数据的资料来源,最后是地图要素的拓扑关系。通过搜索和排序,可以建立起点、线、面要素的内在联系。

坐标数据文件也是每一要素层 1 个,各个要素层的坐标文件格式是相同的。坐标数据文件主要用来记录要素层上点状、线状要素的具体坐标位置,因此不同要素层坐标数据文件的长度是不同的。

3）制作方法

（1）解析或机助数字化测图。这种方法是通过解析测图仪或模拟仪器对航片进行立体测图,来获得所需的数字地图数据,然后利用图形处理软件（如 AutoCAD 等）对获得的数据进行编辑,最终生成成果数据。

（2）人机交互矢量化成图。对现有的地形图扫描,利用矢量化软件（如

GeoScan、MapScan)将扫描影像进行矢量化后转入相应的系统中,再对数据编辑处理后生成矢量图。

(3) 人工跟踪框架要素数字化。这种方法利用 AutoCAD 等软件工具将现有的数字正射影像图按一定比例插入工作区中,在屏幕上跟踪采集所需的相应要素,最后生成矢量图。

(4) 数字摄影测量,三维跟踪立测。基于三维跟踪立测技术,运用数字摄影测量软件将测量数据转换为矢量图。

5.2.2 无人机威胁模型建立

5.2.2.1 基本概念

无人机在任务区执行侦察、攻击等任务时,一般会面临防空武器、电磁干扰等威胁,要圆满完成任务,就要适当规避威胁。因此,无人机任务规划时,要保证无人机安全,一个重要考虑项是威胁规避,必须对目标所属区域的威胁情况进行详细分析,在此基础上,需要深入研究威胁空间的相关概念。威胁空间的范围和危险性影响着无人机侦察、攻击任务区最近距离等约束,因此,深入理解战场环境和对威胁准确建模是确保无人机安全执行任务的前提。

无人机威胁建模可以提高航路规划的效率和安全性,增强无人机的安全防碰撞能力,准确评估气象和目标威胁对无人机的影响,保障无人机的信息安全,以及支持反无人机作战策略的制定。

无人机在飞行中受到的威胁主要有军事类威胁、环境类威胁、自身通信/碰撞等威胁,应对这些威胁需要综合考虑各种因素,采取有效的技术和策略进行防范和应对。军事类威胁有雷达、可见光、红外和影像等探测威胁,以及防空导弹武器、定向能微波/激光等火力打击威胁。环境威胁主要有各种地形限制因素和气象等对无人机飞行产生的威胁。

如图 5-10 所示,标准的威胁空间形成主要包括威胁源、威胁半径、威胁盲区三个方面。根据不同的威胁源产生不同的威胁空间。

1. 威胁源

无人机威胁源是产生威胁空间的相关设备的总称,主要包括敌防空火力、敌探测雷达、敌电子干扰机等,还包括各个系统的各种布防分布参数和战术参数。在任务规划系统中,威胁源参数数据存储在威胁数据库中。威胁源参数数据主要包括:威胁源的布防分布参数,如威胁源的地理位置坐标和机动特性;威胁源的战术参数,如制导雷达的工作体制、频率、脉冲宽度、重复频率、制导方式、发射功率、接收灵敏度、抗干扰能力,以及威胁作用半径、对目标的杀伤概率等。

2. 威胁半径

无人机威胁源的威胁半径指地空导弹等武器系统的有效拦截范围或射程。通

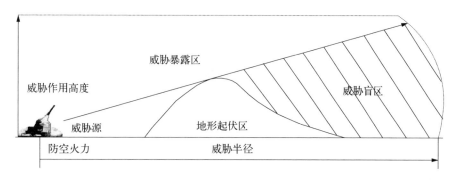

图 5-10　威胁空间组成示意图

常以地空导弹系统的可用杀伤区半径作为威胁源的威胁半径。

威胁暴露区是指在地空导弹武器系统有效作用范围内,无人机被敌防空火力、探测雷达可攻击和可探测的区域。在威胁暴露区飞行的无人机具有被击落的可能性。

3. 威胁盲区

无人机威胁盲区是指在威胁半径内,由于地形起伏、地球曲率半径等因素影响而产生的敌防空火力和敌探测雷达无法发现的空间区域,是无人机突防航路形成的主要空间。分为地球曲率盲区、地杂波盲区和地形遮蔽盲区。

5.2.2.2　地形威胁模型

无人机执行任务时,飞控系统会根据导航实时解析当前位置,依据规划的航路点按顺序依次飞行。在无人机飞行过程中,可能会遇到设置飞行高度小于等于地面高度的情况,出现与山体、建筑等撞击风险,即地形威胁。因此,在规划航路时要考虑地形威胁规避,无人机在地形威胁区应通过提升飞行高度或绕过该区域进行规避。地形威胁模型是一种用于评估和预测地形对特定活动或事件可能产生的威胁或影响的模型。在军事领域,地形威胁模型可用于低空突防仿真,通过建立数字地形模型,实现地形跟随/地形规避/威胁规避,降低信息读取的时间和航迹优化算法的复杂性。

传统算法习惯使用如下公式产生地形数据:

$$Z(x, y) = \sum_{i=1}^{M} z_i \exp\left[-\left(\frac{x - x_{0i}}{x_{si}} \right)^2 - \left(\frac{y - y_{0i}}{y_{si}} \right)^2 \right] + z_0 \qquad (5-1)$$

其中, z_i 为基准地形高度 z_0 上的第 i 个山峰高度; x_{0i}、y_{0i} 是第 i 个山峰的坐标; x_{si}、y_{si} 用于描述山峰的坡度,其值越大,山峰的坡度越小,即山势变化越缓慢。使用该方程模拟的山峰地形,如图 5-11 所示。

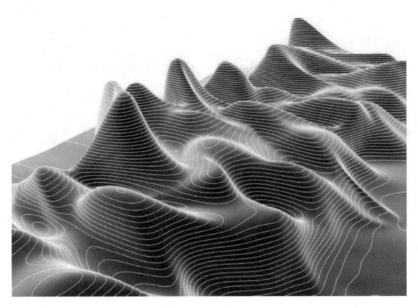

图 5-11　虚拟地形模型

5.2.2.3　军事威胁模型

无人机面临的军事威胁主要考虑雷达探测威胁和火力打击威胁。雷达探测威胁是指在雷达向一定区域发出电磁波,若无人机此时通过该区域,就会有部分电磁波被机体反射回来,形成对无人机的探测定位,进而可对无人机进行摧毁性打击。一般在无人机航路规划算法中将雷达威胁等效成半径长度一定的圆形区域。火力打击威胁指的是能够威胁到无人机正常飞行的高炮或防空导弹等。根据常识可知,无人机距离导弹越近,则被导弹彻底摧毁的可能性就越高,无人机距离导弹越远,则躲过打击的可能性就越高。

1. 雷达探测威胁

雷达的最大作用距离 $R_{f\max}$ 与目标散射截面 σ 之间存在如下关系:

$$R_{f\max} = \left[\frac{P_t \tau G^2 \sigma \lambda^2}{(4\pi)^3 k_B T_s (S/N)_{\min} C_b L_s L_a} \right]^{\frac{1}{4}} F \qquad (5-2)$$

式中,$R_{f\max}$ 为雷达最大作用距离;σ 为目标的雷达散射截面;P_t 为雷达的发射机输出功率;τ 为脉冲宽度;G 为天线增益;λ 为工作波长;T_s 为系统噪声温度;k_B 为玻尔兹曼常数,$k_B \approx 1.38 \times 10^{-23}$ J/K;C_b 为滤波器与信号波形匹配程度系数,在匹配的情况下,$C_b = 1$,不匹配的情况下,$C_b > 1$;$(S/N)_{\min}$ 为最低可检测因子;L_a 为大气损耗因子;L_s 为系统损耗因子;F 为方向图传播因子。

当一个目标从远处沿恒定高度 h_t 飞向一部地面雷达时,雷达天线高度为 h_a,目标与雷达天线间距为 R,如图 5 - 12 所示。

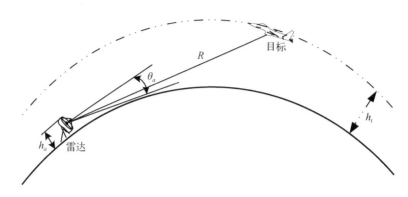

图 5 - 12　雷达探测目标示意图

假设这一个目标的雷达散射截面始终使 R 处于雷达的最大作用距离 $R_{f\max}$ 上,则称这种目标为"临界目标",其时刻变化的散射截面称为"临界散射截面" σ_{cr},σ_{cr} 随着目标距离 R 而变化。

2. 火力打击威胁

传统火力威胁空间建模采用拟合方法生成,如高炮和防空导弹的作用区域可简化成以发射点为圆心、作用距离为半径的半球体。设防空导弹的阵地位置坐标为 (x,y),所处海拔为 h,在各个方向的作用距离 R 已知,当无人机飞行高度为 H 时,火力半径 r 为 H 的函数。根据式(5 - 3)可得到模拟的火力威胁空间,如图 5 - 13 所示。如此计算得到的敌方火力威胁圆,在简化的地形图上进行叠加即可得到威胁空间。

$$R(H) = \begin{cases} \sqrt{R^2 - (H-h)^2}, & h \leqslant H \leqslant R + h \\ 0, & H > R + h \text{ 或 } 0 < H < h \end{cases} \qquad (5-3)$$

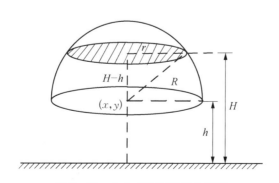

图 5 - 13　火力威胁空间简化模型

5.2.2.4 气象威胁模型

气象威胁主要指对无人机正常飞行造成影响的气候环境(如大风、沙尘暴、大雾和雷暴等),因此可将天气威胁看作禁飞区域。为了操作简单,一般用圆柱体表示天气威胁区域,如图5-14所示,在圆柱体的不同位置,天气威胁对无人机航路规划约束函数的影响是相同的。气象威胁模型如式(5-4)所示。

$$W_i = \sum (x_i, y_i, h_i, r_i) \qquad (5-4)$$

式中,W_i 为第 i 个气象威胁模型;(x_i, y_i) 为圆柱体底部圆心位置;h_i 为圆柱体高度;r_i 为圆柱体半径。

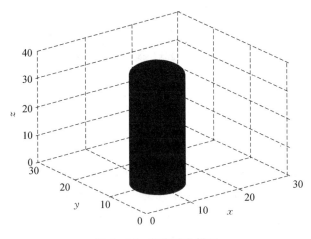

图5-14 气象威胁模型

5.2.3 无人机任务分配模型

5.2.3.1 基本概念

无人机任务分配是无人机完成军事任务的重要保证,是任务规划的重要组成部分。无人机任务分配主要考虑无人机的性能、任务的紧急程度、环境的复杂性以及通信约束等,根据所下达的任务、无人机数量及任务载荷的不同,对各架无人机进行任务分配并通过航路规划技术制定飞行路线,兼顾考虑无人机任务载荷完成目标侦察、监视、攻击和评估等作战任务。无人机任务分配在完成作战任务的前提下,要考虑整体实现时间及代价最小化,使无人机的整体效率达到最优。

早期无人机作战运用主要是单架无人机执行侦察、搜索、监视和评估等任务,其涉及的任务分配问题主要是多任务或多目标的时序分配问题,相对比较简单。随着战场环境的日益复杂以及无人机作战性能需求的提高,多无人机协同作战成为必然,可以通过编队成员之间的相互配合提高任务完成质量,也可以通过任务的重新分配增加任务成功概率,还可以通过任务的并行执行来缩短任务完成时间等。目前,多无人机的协同作战主要用于防空压制或对地攻击任务,其涉及的任务分配问题则需要解决多无人机的多目标多任务分配,同时还需要考虑不同目标或任务类型之间的时序约束问题。

　　一般情况下,多无人机执行的任务类型分为单类型任务和多类型任务。根据多无人机执行任务的类型不同,可以将多无人机任务分配模型进行分类,如图5-15所示。

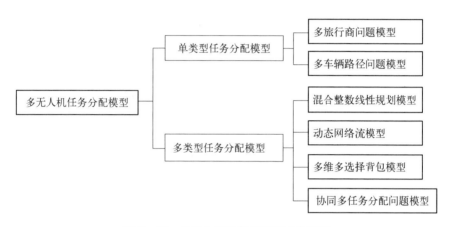

图5-15　多无人机任务分配模型分类图

　　现有解决单类型任务的分配模型主要有多旅行商问题(multiple traveling salesman problem, MTSP)模型、多车辆路径问题(multiple vehicle routing problem, MVRP)模型等,它们都只能对目标访问一次。在处理多类型任务时,即对同一个目标依次执行侦察、攻击、毁伤评估等任务时,需要对同一目标访问多次,单类型任务分配模型显然不再适用,此时需要能够处理多类型任务的分配模型。处理多类型任务的分配模型主要有混合整数线性规划(mixed-integer linear programming, MILP)模型、动态网络流优化(dynamic network flow optimization, DNFO)模型、多维多选择背包(multiple dimensional multiple knapsack problem, MDMKP)模型,以及协同多任务分配问题(cooperative multiple task allocation problem, CMTAP)模型等。

5.2.3.2　单类型任务分配模型

1. 多旅行商问题模型

　　旅行商问题由管梅谷教授于1960年首先提出,国际上称之为中国邮递员问题。该问题是 m 个商人从同一个城市出发去往 n 个城市中任意数量的城市去销货,最后再回到起点,每个城市都要被访问且只能被访问一次,目标是使 m 条环路耗费的代价(时间、距离等)最小。无人机应用该模型进行任务分配时,将每架无人机视为一个旅行商,将每个任务视为一个城市,旅行商的销货路径对应无人机的任务执行序列。

2. 多车辆路径问题模型

多车辆路径问题是对车辆路径问题的扩展。其描述为假设有 m 辆车,从同一个车站出发,为 n 个不同的地方运送物资,m 辆车的负载能力不同,每个地方需求的物资数量不同,距离出发点的距离也不同,每辆车运送的物资不可以超过其最大的负载能力,且每个地方只能由一辆车运送。目标是保证全部物资运送到达且使总运输代价最小,代价可以是时间、距离、油耗等。无人机应用该模型进行任务分配时,将每架无人机视为一辆车,将每个任务视为一个目标点,车辆的运货路径对应无人机的任务执行序列。

5.2.3.3 多类型任务分配模型

1. 混合整数线性规划模型

1974 年,G. B. Dantzig 提出了一种线性规划的单纯形算法。在实际情况下,很多数量变化只能是一个整数变化,如人或机器的数量,因此这个模型中增加了一个整数约束,该模型由此诞生。该模型通过分析无人机和每个任务之间的约束条件,使无人机与无人机之间、无人机与任务之间建立合理的协同约束关系。该模型是目前无人机协同任务分配问题中应用最多的一类模型,对无人机执行任务效率的提升非常有效,而且可以通过改变约束条件来应对不同的实际问题。该模型的求解方法主要有分支定界法和巧平面法两种。模型描述简单、直接,无人机建立全局约束比较方便,因此极大提高了任务完成的效率和无人机的生存能力,并且在无法得到最优解的情况下,可以快速求解出次优解。

2. 动态网络流模型

无人机应用该模型进行任务分配时,将无人机看作供货方,目标地点看作收货方,任务看作网络上的物流,任务的执行代价看作物流运算的成本,任务的分配结果看作需求,目标是使网络流的总代价最小。

3. 多维多选择背包模型

无人机应用该模型进行任务分配时,将每架无人机看作一个背包,将每个任务看作一件物品,其中每个任务的子任务分别对应每件物品的子物品,背包重量则表示无人机执行任务的收益,目标是使背包物品总价值最大。

4. 协同多任务分配问题模型

协同多任务分配问题模型采用图论描述方法,以多无人机系统对多个地面目标协同执行受时序优先级约束的侦察、攻击和毁伤评估等任务为任务场景,考虑时间、资源、可飞路径等多项约束。该模型能较好地描述多无人机协同多类型任务分配问题。

目前,国内外针对无人机任务分配问题的研究主要集中于任务分配问题建模和优化算法两个方面,无人机任务分配问题的一般处理流程如图

5-16所示。多无人机任务分配时,首先对无人机执行的任务进行分析;然后根据具体问题及地形、威胁分布、目标分布等约束条件,选择合适的数学模型;接着在建立的数学模型基础上,根据模型的特点采用合适的优化算法进行求解,获取最优解或次优、满意解,最终形成满足约束条件和目标函数的无人机任务分配方案。

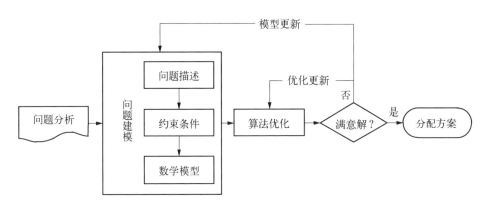

图5-16　任务分配问题的一般处理流程

由于战场环境的复杂性和作战任务的多样性,以及无人机编队规模的不同,无人机任务分配问题的复杂度随之变化,所建立的数学模型和优化算法也需要进行调整。

当前的任务分配方法一般都偏重于解决确定条件下的分配问题,而在实际运用中,由于任务环境的部分可观性,传感器和情报信息误差等因素影响,规划时所依赖的环境信息是不确定的。另外,任务分配实施结果也可能存在误差,会对任务成败形成不可逆的影响。所以在任务分配过程中,应尽可能对以上不确定性因素加以考虑,其中对信息的不确定性可以运用概率统计方法进行处理。随着无人机任务规划技术的发展,任务分配新理论、新方法不断出现,无人机任务规划技术越来越成熟,与实际应用联系将越来越紧密。

5.3　无人机航路规划

本节阐述无人机航路规划的基本原理、方法流程。主要内容包括航路规划约束条件、常见规划算法、约束条件、航段规划、协同规划。

5.3.1　基本概念

纵观无人机起飞、飞往任务区域、执行任务、返航等阶段,虽然可以实现"完全自主",但都是按照任务规划信息的指引完成的,对任务规划数据具有绝对的依赖性。作为无人机任务规划的主要功能之一,航路规划(path planning)在其中处于关键地位,其核心内容是依据战场环境信息,综合考虑无人机性能、到达时间、油耗、威胁及空域管制等约束条件,为无人机规划出一条或多条从起始点到目标点的最优或满意航路,并尽可能以最大效能完成指定任务。

无人机航路规划必须根据其性能和飞行经过的地理环境、威胁环境和政治条件等因素,针对已知或潜在的目标预先规划出满足要求的航路,并且在实际飞行过程中根据需要人工进行实时局部修改或自动重规划。可以说,无人机航路规划是物理可飞性、航路安全性、战术可行性、规划最优性/实时性的统一。

合理的航路规划有助于无人机在执行任务时保证自身的安全和效率,减小无人机受损的概率。因此,需要有满足无人机航路规划要求的任务规划系统来对无人机进行航路规划。

5.3.2　常用算法

5.3.2.1　传统经典算法

近年来常用于航路规划的传统经典算法有迪杰斯特拉算法(Dijkstra's algorithm)、人工势场法(artificial potential field,APF)和模拟退火算法(simulated annealing algorithm,SAA)等。

1. 迪杰斯特拉算法

迪杰斯特拉算法是图论中求解最短路径的经典算法,适用于每条边的权数为非负的情况,能得到从指定顶点到其他任意顶点的最短路径。使用迪杰斯特拉算法进行航路规划,构建的赋权图的顶点代表航路点,赋权图的边代表所有可行航路,迪杰斯特拉算法的作用就是在这些可行航路里找到最优航路。迪杰斯特拉算法实现简单,但其运算时间和所用内存与搜索空间中节点个数平方成正比,在大范围高维空间中搜索时间长,对内存要求也很高,因此多用于二维静态航路规划。由于航路规划空间范围大,在应用迪杰斯特拉算法进行航路规划时,如何选取有效航路点、减少航路点数量、缩短规划时间是问题的关键。虽然迪杰斯特拉算法多用于二维航路规划,但也有学者将其应用于三维航路规划。目前使用迪杰斯特拉算法进行航路规划时,多是利用维诺图、概率地图或可视图描述规划环境,然后在此基础上利用迪杰斯特拉算法寻找最短航路,但得到的航路若安全性高则航路长,若航路短则安全性低,难以在航路长度与安全性之间寻找到一个好的平衡。

2. 人工势场法

人工势场法是一种模拟电势场分布的规划方法。任务区域内的目标点产生引力场,威胁源产生斥力场,无人机在引力和斥力的共同作用下向目标点运动。传统人工势场法中航路点 x 的引力势函数和斥力势函数分别为

$$U_{att}(x) = \frac{1}{2}K_{att}\rho^2(x, x_G)$$

$$U_{rep}(x) = \begin{cases} \frac{1}{2}K_{rep}\left[\frac{1}{\rho(x, x_0)} - \frac{1}{\rho_0}\right]\frac{1}{\rho^2}, & \rho(x, x_0) \leqslant \rho_0 \\ 0, & \rho(x, x_0) > \rho_0 \end{cases} \tag{5-5}$$

其中,K_{att} 和 K_{rep} 分别为引力和斥力增益系数,且均为正常数;$\rho(x, x_G)$ 为航迹点 x 与目标点 x_G 之间的距离;$\rho(x, x_0)$ 为航迹点 x 与威胁源 x_0 之间的距离;ρ_0 为威胁源最大影响距离。无人机在 x 处受到的引力和斥力分别是相应势函数的负梯度。

$$F_{att} = -\nabla U_{att}(x) = -K_{att}\rho^2(x, x_G)$$

$$F_{rep} = -\nabla U_{rep}(x) = \begin{cases} K_{rep}\left[\frac{1}{\rho(x, x_0)} - \frac{1}{\rho_0}\right]\frac{1}{\rho^2(x, x_0)}, & \rho(x, x_0) \leqslant \rho_0 \\ 0, & \rho(x, x_0) > \rho_0 \end{cases}$$

$$\tag{5-6}$$

总势场力为目标点产生的引力和各个威胁源产生斥力的矢量和:

$$F_{total} = F_{att} + \sum F_{rep} \tag{5-7}$$

人工势场法的优点是算法简单、实时性好、规划速度快,在局部规划和实时规划领域应用广泛。缺点是当无人机离目标点比较远,即 $F_{att} \gg F_{rep}$ 时,合力方向更趋近目标点方向,无人机可能会进入威胁区;当目标点附近有威胁源时,斥力将会非常大,而引力相对较小,无人机将很难到达目标点;在复杂环境中,容易产生局部极小值,使算法停滞或振荡;在障碍物附近有抖动现象,在狭窄通道间频繁摆动;在动态环境下规划效果减弱;计算势场负梯度的方法因为没有优化变量,将航路规划问题转换成了非优化问题,因此缺乏衡量航路优劣的评价指标。势场的建立直接决定着航路质量,相同环境下,不同的势场形式下可能得到不同的航路。总之,对于上述问题,研究人员提出的各种改进方法在一定程度上弥补甚至消除了这些缺陷,但对于障碍物附近抖动、狭窄通道间频繁摆动这些问题的改善效果还有待提高。

3. 模拟退火算法

模拟退火算法是基于蒙特卡罗迭代求解法的一种启发式随机搜索算法。它模拟固体物质的退火过程,在某一初始温度下,伴随温度控制参数按照降温函数不断下降,结合概率的突跳特性在解空间中随机寻找目标函数的全局最优解,即能概率性地跳出局部最优解并最终趋于全局最优解。退火过程由冷却进度表(cooling schedule)控制,包括温度控制参数的初值及其衰减因子 Δt、每个 t 值时的迭代次数和终止条件。模拟退火算法的优点是算法求得的解与初始解状态无关,具有渐近收敛性,是一种以概率收敛于全局最优解的全局优化算法。缺点是解的质量依赖于当前解产生新解的变换方法和冷却进度表的设计。在航路规划中,模拟退火算法的一个解代表一条航迹,目标函数则是代价函数,常用于求解二维航路规划中的TSP 问题,但该算法多数没有考虑无人机的机动性能约束,得到的航路可飞性不高。模拟退火算法也可以与易陷入局部最优解的算法相结合,帮助其跳出局部最优找到全局最优,如遗传模拟退火算法,在交叉和变异过程中使用米特罗波利斯(Metropolis)准则判断是否接受新解,当然,这会增大原算法的计算量。

5.3.2.2 人工智能算法

相较于传统经典算法,人工智能算法的应用更为广泛。在航路规划中常用的人工智能算法有 A* 算法、遗传算法(genetic algorithm, GA)、蚁群优化(ant colony optimization, ACO)算法和粒子群优化(particle swarm optimization, PSO)算法。

1. A* 算法

A* 算法是一种智能启发式搜索算法,它将搜索空间表示为网格的形式,以网格的中心点或顶点作为航路点,通过搜索邻域内代价函数值最小的航路点,从起始点逐步搜索到目标点,最后逆向回溯当前节点的父节点并生成最优航路,其中待扩展航路节点存放在 OPEN 表中,已扩展节点存放在 CLOSE 表中。代价函数的表达式如下所示:

$$f(x) = g(x) + h(x) \tag{5-8}$$

其中,$g(x)$ 表示从起始点到当前节点的实际代价;$h(x)$ 称为启发函数,表示从当前节点到目标点的估算代价,常用的启发函数可选用欧氏距离、曼哈顿距离、对角线距离等。启发函数是 A* 算法的核心,它能在搜索效率和最优解之间权衡。若 $h(x)$ 小于从当前节点到目标点的实际代价,则搜索得到最优路径,但这时搜索节点增多,搜索效率降低;若 $h(x)$ 一直等于从当前节点到目标点的实际代价,此时 A* 严格按照最优路径搜索,搜索效率最高;若 $h(x)$ 大于从当前节点到目标点的实际代价,则搜索结果可能不是最优路径,但搜索效率会提高。此外,OPEN 表的维护方式也会影响 A* 算法的搜索效率,当路径很长时,这种影响会更明显。总之,启发函数的选择决定了 A* 算法能否找到最优解,OPEN 表的维护方式和搜索节点数量决定了 A* 算法的运行速度。随着搜索空间增大,A* 算法的计算量会呈指数增长,导致规划时间过长,一般用于静态航路规划。在航路规划中,如何提高 A* 算法的运行速度并得到最优航路是学者们重点考虑的问题。由于航路规划问题的复杂性,虽然学者们通过各种改进方法提高了 A* 算法的搜索效率,但仍没有找到值恒等于从当前节点到目标点真实代价的启发函数,实现 A* 算法的高效最优搜索。

2. 遗传算法

遗传算法的基本思想是模拟生物遗传进化过程,根据"适者生存"和"优胜劣汰"的原则,借助选择、交叉、变异等操作,使所要解决的问题从初始解一步步逼近最优解。在航路规划中,遗传算法每条染色体(个体)代表无人机的一条航路,基因的编码方式也就是航路节点的编码方式,适应度函数由代价函数变化而来。遗传算法的优点是不要求优化函数具备连续、可导和单峰等条件,具有较强的鲁棒性,是一种高效、并行、全局的搜索方法,适用于三维全局航路规划。缺点是由于种群失去多样性而导致早熟收敛、寻优时间长、局部搜索能力差等。针对该问题,研究人员提出了不同的改进方法,如引入量子、自适应因子等,但这些改进方法仍然存在较多不足。

遗传算法(GA)被提出时首先应用于解决计算数学中的最优化搜索算法。遗传算法是一种仿生算法,仿照生物界"适者生存"的规律。基本思想是将求解问题的一些可行解进行有规律的顺次编码,将编码后的解当作初生代原始个体;把个体对环境适应能力的评价函数作为所求目标的目的函数;仿照种群遗传个体基因的变异、复制、交叉等过程设计遗传学算子,用适者生存的法则确定种群的搜索方向。经过若干代的遗传选择,达到目标函数的最优解,即最终选出对环境适应能力最强的个体,得到求解问题的最优解。

遗传算法执行步骤如下。

(1)种群参数初始设置:设置进化代数 $i = 0$,最大进化代数 k,随机生成 M_1 个个体为初始种群 $P(i = 0)$。

(2)个体评价:计算个体的适应度 $S(i_x)$。

(3)选择运算:将目的评价函数 $S(\text{goal})$ 与 $S(i_x)$ 进行比较,若 $S(\text{goal}) > S(i_x)$,则个体淘汰,否则遗传到下一代。

(4)交叉与变异运算:将交叉与变异运算算子作用于当前种群,得到下一代种群 $P(i + 1)$。

(5)停止遗传,得到最优解:若 $i = k$,则停止遗传到下一代,此时将得到的 $S(i_x)$ 最大的个体作为最优解输出。

遗传算法规划路径的优点是不容易陷入局部最优,无需初始猜测。缺点是比较费时,遗传因子不好选择,且易出现过早收敛和停止现象。

3. 蚁群优化算法

蚁群优化算法模拟蚂蚁在寻找食物过程中发现路径的行为特性,利用信息素浓度进行后继行为。T 时刻蚂蚁 n 从节点 a 转移到节点 b 的概率可以表示为

$$P_{ab}^n(t) = \begin{cases} \dfrac{(\tau_{ab})^\alpha (\eta_{ab})^\beta}{\sum\limits_{b \in S_\alpha^n} (\tau_{ab})^\alpha (\eta_{ab})^\beta}, & b \in S_\alpha^n \\ 0, & \text{其他} \end{cases} \quad (5-9)$$

式中,τ_{ab} 为节点 b 上的信息素浓度;η_{ab} 为节点 a 与节点 b 之间的能见度,也叫启发函数,它可以是距离开销,也可以是距离开销与其他开销的组合,如高度、安全度等;α、β 为 τ_{ab} 与 η_{ab} 相对重要性的权值;S_α^n 为节点 α 的所有相邻节点的集合。信息素具有挥发性,随着时间的增加其浓度会降低。信息素的更新分为局部更新和全局更新,局部信息素更新用在蚂蚁完成一个航路点的选择时,相应减少该点的信息素,降低此点对后来蚂蚁的吸引程度,从而增加蚂蚁的探寻范围,减小算法陷入停滞的概率。其更新公式为

$$\tau_{ab}(t + 1) = \xi\tau_{ab}(t) \tag{5-10}$$

式中,ξ 为信息素减少因子,用于控制信息素减少的大小。全局信息素更新是经过 m 时刻,当蚂蚁完成寻路任务后对其经过的所有航路点上的信息素进行更新,通过这种方式增加这条航路上的信息素,其表达式为

$$\tau_{ab}(t + m) = (1 - \rho)\tau_{ab}(t) + \rho\Delta\tau_{ab}$$
$$\Delta\tau_{ab} = \frac{Q}{J} \tag{5-11}$$

式中,ρ 为信息素挥发因子;J 为这条航路的性能指标;Q 为性能指标对于信息素的更新比例系数。蚁群优化算法的优点是具有良好的并行性、协作性和鲁棒性,后期收敛速度快。缺点是前期搜索时间长,参数多且解的质量受参数影响大,容易陷入局部最优解,适用于三维全局航路规划。由于信息素的分布情况、挥发方式和蚂蚁选择前进方向的盲目性影响着解的质量和获得解的时间,因此,需要结合航路规划特性对蚁群算法进行改进。

4. 粒子群优化算法

粒子群优化算法模拟鸟群飞行捕食行为,把每个粒子看作优化问题的一个可行解,并将其延伸到 N 维空间,每个粒子主要通过跟踪两个位置决定自己下一步的飞行,一个是粒子本身所找到的最优解 P_{best},即个体最好位置;另一个是种群中所有粒子当前找到的最优解 G_{best},即全局最好位置,最终整个粒子群找到最优解。所有粒子都有一个由优化函数决定的适应值,每个粒子还有一个决定其飞行方向和距离的速度。粒子群算法的速度和位置更新方式分别为

$$v_{ij}(k + 1) = \omega v_{ij}(k) + c_1 r_1(p_{ij}(k) - x_{ij}(k)) + c_2 r_2(g_{ij}(k) - x_{ij}(k))$$
$$x_{ij}(k + 1) = x_{ij}(k) + v_{ij}(k)$$

$$\tag{5-12}$$

其中,下标 i、j、k 分别表示第 i 个粒子、第 j 维空间、第 k 代粒子;ω 为惯性权重,描述了粒子对之前速度的"继承";c_1、c_2 为常数,称为学习因子,体现了粒子向全局

最优粒子学习的特性;r_1、r_2 为(0, 1)之间的随机数。

与其他进化算法相比,粒子群算法具有两个显著的不同特点:一是没有"优胜劣汰"的机制,所有的粒子在迭代过程中始终作为种群的成员保留;二是没有交叉、变异等进化算子,每个粒子通过追随当前搜索到的最优值寻找全局最优。粒子群算法的优点是具有较强的鲁棒性,对种群大小敏感性不高,参数少,前期收敛速度快;缺点是后期收敛速度慢,容易早熟陷入局部最优解,可用于三维全局航路规划。在航路规划中对粒子群算法的改进也多是通过提高种群的多样性,避免局部最优。

5.3.2.3　神经网络算法

神经网络算法,也称人工神经网络算法,是一种模拟人脑神经系统的计算模型。它由一系列的节点(或称"神经元")组成,这些节点通过连接进行信息的传递和处理。

每个神经元包含一个激活函数,该函数根据输入信号的加权总和来决定是否发送输出信号。如果加权总和超过一定的阈值,神经元就会被激活,并将信号发送到与之相连的其他神经元。神经网络的结构包括输入层、隐蔽层和输出层。输入层接收输入数据,隐蔽层对数据进行加工处理,输出层则产生最终的输出结果。

基于神经网络的航路规划原理,是在一条航路中将无人机对障碍物的碰撞作为约束函数,将各航路点的碰撞函数之和作为整条航路的约束函数,而对应在航路上某一个点(x_i, y_i)的碰撞函数是通过障碍物的神经网络得到的。某个航路规划点与障碍物的碰撞函数的神经网络结构如图 5-17 所示。

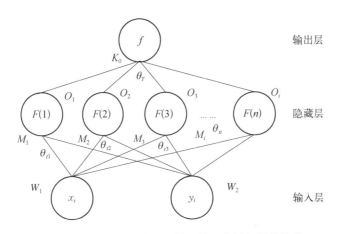

图 5-17　规划点与障碍物的碰撞函数神经网络结构

图中,f 为顶层节点输出;K_0 为顶层节点输入;θ_T 为顶层节点阈值;O_i 为中间节点第 i 个节点的输出;M_i 为中间层第 i 个节点的输入;θ_{ti} 为中间层第 i 个节点的阈值;n 为中间层节点个数;W_1、W_2 为输入层系数。则网络运算关系为

$$\begin{cases} K_0 = \sum_{i=1}^{n} O_i + \theta_T \\ O_i = f(M_i) \\ M_i = W_1 x_i + W_2 y_i + \theta_{ti} \end{cases} \qquad (5-13)$$

神经网络算法的优点是多输入具有高度的并行性,规划具有很高的可控制性。缺点是计算量太大,生成路径不一定满足所有的约束条件,且满足条件的阈值不容易找到。

5.3.3 约束条件

无人机在空中飞行时,理论上是可以自由飞行的,但在实际飞行中会受到众多约束条件,主要约束条件包括平台性能、威胁、时间、油耗及空域管制等。

5.3.3.1 无人机飞行平台性能

无人机飞行平台不同,其气动布局设计各异,这导致无人机性能差异巨大,因此,规划航路时,设置的飞行参数要满足无人机平台的性能参数约束。主要参数约束如下。

1. 高度

无人机由于自身状态和气象等因素限制,在一定速度飞行时,它会有最大飞行高度。此外,还有满足所有条件下无人机平台所能飞行的最大高度,设置航路高度参数时,不能大于此值。

2. 速度

无人机由于自身状态和气象等因素限制,在一定高度飞行时,它会有一个最大速度和最小速度,此外,要满足所有条件下无人机在空中所能飞行的最大速度和最小速度。实际规划时,要根据要求的最少油耗、最短航时等条件合理规划无人机的飞行速度。

3. 最小转弯半径

无人机由于自身状态和气象等因素限制,在一定高度和速度飞行时,它的转弯半径不能小于最小转弯半径。实际规划时,航路的转弯半径参数要大于等于此值。

4. 最大迎角/爬升率

无人机由于自身状态和气象等因素限制,在一定高度和速度飞行时,无人机的迎角不能超过最大迎角值,否则无人机将会失速。单位时间内无人机爬升的高度也会有一个最大值,实际规划时不能超过此最大值。

5.3.3.2 威胁

1. 被探测威胁

航路的隐蔽性对无人机来说意味着安全性,尽管无人机在设计时可能会采用多种隐身技术,但是面对各种敌方探测系统时仍然会有被发现的可能,因此规划一条具有良好隐蔽性的飞行航路就十分关键,通常使规划航路远离威胁源,或使无人机超低空飞行,以利用地形遮挡和反射的地面杂波来降低被发现概率。

2. 被击落威胁

当前,大部分无人机执行任务是在有制空权的情况下飞行,当执行远距离任务时,无制空权容易被敌防空火力锁定,很有可能会被击落造成损失,因此,规划航路时应尽可能规避敌防空火力威胁源。

3. 链路威胁

现代实战通常发生在拒止环境下,无人机的链路系统容易被干扰,甚至被入侵控制,也会出现己方使用链路频率与其他飞机冲突的情况,导致无人机与地面站无法进行实时通信。因此,在无人机任务规划时,需要合理利用有效手段加强链路规划,规避链路威胁。

4. 地形威胁

一般情况下,无人机飞行高度远大于地面高度,但是当无人机起降或执行特殊任务时,飞行高度与地面的高度差较小,往往会增加无人机与地面或山体等相撞的风险。

5. 气象威胁

无人机作为空中飞行器,当出现风切变、雷暴、风、雨、风沙等气象时,不仅发动机的推力和空气动力性能会发生改变,还会影响无人机的空速、流线型、平衡和操纵、跟踪、瞄准与射击等性能,严重时会使无人机坠毁。

5.3.3.3　时间

无人机单机规划时,规划的航路需要在特定时间内到达指定区域或地点,根据性能解算得出无人机起飞时间。多机协同规划时,要考虑不同无人机之间的速度差异,在满足特定时间段内共同完成指定的任务动作。

5.3.3.4　油耗

当前大中型无人机主要以航空燃油发动机为主要动力,装载的燃油有限,因此在制定航路时,要保证无人机执行任务后,剩余油量能够满足其返回基地。

5.3.3.5　空域管制

无人机在空域中飞行时,犹如车辆需遵守地面交通管理一样,也要遵守相关空域管制规定,在规定时间、规定区域内飞行,若超出范围将会影响到其他航空器的飞行。

5.3.4　航段规划

通常情况下,无人机的航路分为起降航段、任务航段、过渡航段、应急航段等,规划航路时主要以这四种航段为主,不同航段规划要求不同。

1. 起降航段

在无人机平台确定、起降机场确定,以及无其他限制的情况下,一般无人机的起飞和着陆航路基本固定,且与机场绑定,所以在第一次测算规划后,无人机驶入、驶出跑道航路以及起飞和着陆航路可作为后续飞行的模板航路,且同机型可复用。

2. 任务航段

任务航段是指无人机载荷设备在执行规定任务时对应的航路。因载荷设备不同、执行任务不同,应根据实际情况制定任务航段的航路。

3. 过渡航段

无人机从起飞后至任务航段之间的航路为过渡航段,在该航段内无人机需要做较多的机动动作,同时要考虑最短路径、最少油耗、最安全、最少耗时等限制条件。

4. 应急航段

无人机在执行任务中,可能会遇到发动机空中停车、链路中断、恶劣气象、敌方打击等威胁,所以需提前规划好无人机的无动力返场、迫降点、应急返航等应急航线。

5.3.5 协同规划

在军事应用中,有人机/无人机、无人机/无人机之间发挥各自优势协同完成指定任务时,需要无人机协同规划。无人机协同规划是一个多维度、跨学科的研究领域,涉及算法设计、仿真验证、任务分配、航路规划等多个方面。通过综合运用不同的技术和方法,可以有效提高无人机执行侦察、监视、搜索等任务的效率和安全性。协同规划需要考虑无人机与其他装备在时间、空间、状态等方面的配合,以实现多无人机高效、安全协同执行任务的过程。

多无人机协同航路规划要求根据任务约束条件、无人机性能以及战场环境等因素,同时为多个无人机设计完成任务的多条飞行航路,并满足其在时间和空间上的协同一致关系。多无人机协同航路规划的根本目的就是为每个无人机生成一条满足约束的航路,使它们能够同时或按一定时间间隔抵达各自目标位置,并尽量提高每个无人机的生存概率。这样生成的航路对于单个无人机来说不一定是最优的,但对于整个无人机机群来说,却必须是最优的或近似最优的。

多无人机协同航路规划要解决的协同问题主要是到达时间上的协同,一般分为以下3种情况。

(1)同时到达。编队中所有无人机在相同的时间点同时到达各自的目标点,对同一目标或不同目标实施作战任务。

(2)严格依次顺序到达。编队中所有无人机按照一定的先后顺序依次到达各自目标点,并且各个无人机到达的时间节点有严格精确的要求,即一架无人机到达目标点后,T 时间后下一架无人机必须到达目标点,既不能提前也不能推迟。

（3）松散依次顺序到达。编队中所有无人机按照一定的先后顺序依次到达各自目标点,并且各个无人机到达目标点之间的时间间隔有范围要求,即一架无人机到达目标点后,下一架无人机必须在$[T_{min},T_{max}]$时间范围内到达目标点,不能超出这个可接受的时间范围。

无人机协同规划是实现多无人机系统高效、安全协同执行任务的关键技术之一。通过有效的任务分配、航路规划和协调控制,无人机协同规划能够在保证任务执行质量的同时,提高任务执行的效率和系统的整体性能。随着无人机技术的不断发展和完善,无人机协同规划将在军事、民用等多个领域发挥越来越重要的作用。

5.4　无人机链路规划

一般大中型无人机系统在视距范围内飞行时采取视距测控链路,通常使用主测控链和副测控链。超视距范围采用卫星中继测控链路,通常使用 Ku、Ka 和 S 波段测控链。本节重点阐述无人机链路系统面临的主要威胁、对抗措施和链路使用规划。

5.4.1　链路系统主要威胁

现代战争中广泛使用无线电通信,无人机链路系统面临的主要威胁包括但不限于电磁干扰、反辐射打击、欺骗反制等。

电磁干扰包括对上行指控信号的干扰和对导航信号的干扰。对于上行指控信号的干扰,除了常规的跟踪干扰、阻塞干扰、压制干扰等方式外,还会遇到远程超大功率多信道干扰和分布式干扰。远程超大功率多信道干扰技术利用空间功率合成技术、相控阵技术和智能天线技术,能对通信链路的关键节点进行强干扰。这种干扰方式具备使用频段宽、可防区外实施等优点。分布式干扰是使用多个干扰源,按照一定的控制程序,自动地对指定电子设备进行干扰的方式。分布式干扰源散布在不同的地域、空域,可以形成多方向的干扰扇面,形成大区域的压制性干扰。当干扰方向数目大于或等于自适应调零天线阵的阵元数目时,就会使自适应调零控制失效,所以分布式干扰的效率很高。对于导航信号的干扰,由于卫星导航信号功率较低,所以产生功率足够大的干扰信号就足以抵消卫星导航接收机的扩频增益,最常用的导航干扰是转发瞄准、宽带阻塞和离散拦阻式干扰等。

反辐射打击是利用反辐射导弹或反辐射无人机对无人机系统的地面链路终端进行毁灭性打击,使其瘫痪且不可修复,从而切断无人机系统的信息动脉,使无人机失控;或者是对无人机系统的地面链路终端进行长时间压制,使其在较长时间内无法开机,瘫痪其对无人机的操控。所以反辐射打击对于无人机系统来说,是一种非常严峻的电子攻击手段。

欺骗反制是指通过电子信号的欺骗手段,获得对无人机的控制权,从而实现对非己方无人机的反制控制。从理论上讲,通过对上行遥控指令的欺骗可获得对非己方无人机的控制权,从而引导无人机坠毁、改变飞行方向或将其回收。这是一种最为严重的对抗攻击,它不仅会造成无人机及其机载设备的损失,甚至可能造成重要机密和先进技术的泄露。2011 年 12 月 8 日,伊朗"俘获"了美军先进的隐身无人侦察机 RQ – 170"哨兵"无人机(图 5 – 18),使得美军的高度机密技术、装备和情报面临极大风险,就是典型的例子。

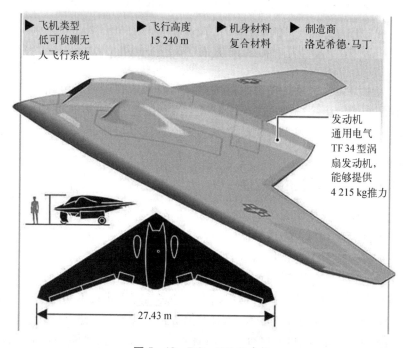

图 5 – 18 RQ – 170 无人机

为了应对这些威胁,需要采取综合性的安全措施,包括提高链路的抗干扰能力、加强数据链的安全防护、发展新型的反制技术和策略,以及针对智能化带来的新威胁进行专门的研究和准备。

5.4.2 链路系统对抗措施

如前所述,在战场复杂电磁环境下,无人机系统的通信链路会受到多种电子对抗的攻击威胁,不仅会严重影响无人机系统的作战使用效能,还可能导致无人机失控,甚至被反制。因此,从作战使用的要求来说,除了在无人机的信息传输系统设计时(即考虑通信加密、扩频、调制等抗干扰技术措施,以提高链路系统的抗干扰能力)增大干扰压制距离外,还需要在使用过程中加强以下三方面的对抗措施。

(1)采用多种抗干扰措施,提高综合抗干扰能力。对于无人机系统的遥控遥测链路,一方面,要采用多种先进的抗干扰措施,包括跳频、跳时、扩跳结合等方法,并对信源编码采用保密性强的多种加密方式;另一方面,在使用过程中,尽量减小地面遥控指令发射机的发射功率,通过功率管理、频率捷变、优化操控等进一步降低通信链路的被截获概率。

(2)系统展开和使用时加强规划,提高抗反辐射打击的能力。一方面,在系统展开时,采取预先措施削弱可能的反辐射打击的毁伤程度。如将地面数据终端的天线与其他设备、操纵人员等分开部署,设置防反辐射攻击的伪装设施和反辐射诱饵。另一方面,在系统使用过程中要加强使用管理,降低无人机通信链路的电磁能量辐射。例如,在不影响数据通信性能的前提下,设法减少数据链路的电磁辐射能量;当发现反辐射无人机来袭时,要立即关机,降低雷达的电磁辐射强度,或大幅度甩摆天线,使反辐射无人机失去制导方向等。

(3)综合运用防欺骗技术和应急处置措施,提高抗欺骗反制的能力。无人机系统具有"天-地-链"闭环控制特性,因此在无人机系统作战使用过程中,可以通过运用抗干扰加密、防诱骗控制等技术手段,辅以完善的地面应急处置方案,来综合提高无人机系统的抗欺骗反制能力。例如,可利用天线阵列,采用自适应加权方法,在卫星信号方向上形成高增益天线波束,在减小干扰影响的同时,提高接收卫星信号的能力;采用高精度的时空综合检测技术识别导航信息的欺骗干扰;运用认知控制技术主动识别当前的安全状态等。同时,可以充分发挥地面操控人员的监控和应急处置能力,尽早发现无人机的异常状态,及时做出应急处理,确保无人机的安全受控。

如果把操控无人机比作放风筝,链路系统就是放风筝的线,用好这根看不见的线能把无人机放得更高、更远、更好用。

5.4.3　链路规划主要内容

为了保证可靠性和可控性,无人机系统必须依靠链路系统来使无人机与地面站之间保持连接。由于受到地球曲率和大气吸收等因素的影响,无人机与地面站之间的作用距离是由无线电视距所决定的,按照目前无人机飞行高度,普遍在 5~20 km,无人机视距链路的作用距离一般在 200~400 km。

5.4.3.1　多链路规划

当地面站与无人机之间由于地形阻挡而不能实现无线电通视时,可在与无人机和地面站都能通视的地方设置一个地面中继站,通过地面中继实现无人机与地面站之间的测控与信息传输。还可在与无人机和地面站都能通视的空中平台(无人机、有人机或飞艇等)上设置一个空中中继站,通过空中中继通信实现无人机与地面站之间的测控与信息传输。

大中型无人机飞行速度快、航时长、作战半径较大,因此都配有超视距卫星通信中继链路。为增加链路的可靠性,视距链路和超视距链路一般都有备份的冗余链路。

目前,由于卫星资源有限,卫星信道带宽有限,所以任务规划时要根据本次任务的目标区域和备降机场的位置来判断是否需要使用卫星中继链路,从而决定是否申请卫星通信信道。如果卫星资源充足且可用,建议全程使用卫星中继链路,以增加链路信道的可靠性和冗余度。

5.4.3.2 频率规划与管理

任务规划阶段要对每条链路的工作频率进行指配,与其他信息综合后形成固定格式的指令,再由参数注入器写入机载终端。由于链路系统在设计时,每一条链路的上行和下行信道频率已经尽量错开,所以在任务规划阶段要重点考虑本场训练时多链路站控制多架无人机的频率配置方案。还要站在全局的角度,综合考虑共同执行同一任务但并非由本场保障的无人机之间频率的统一分配,避免频率重叠,相互干扰。在执行整个任务过程中要时刻监视每条链路的地面终端与机载终端的频率设置是否保持一致,确保链路畅通。

此外,无人机易受到军用和民用通信系统的干扰,如使用高能定向天线地面微波通信,可能会产生严重的频率干扰问题。因此无人机规划时还需要针对作战地域进行具体的频率管理和协调,并实时监测地面站附近的电磁环境,避免对上行或下行信道产生干扰。

5.4.3.3 天线使用规划

一般情况下,每个链路终端都有多个不同的天线可供用户根据不同情况进行选择,如大型无人机主视距链路地面天线有定向和全向两种,其中全向天线在无人机起降和过顶时使用。机载天线也有定向和全向之分,两根全向天线分别位于机顶和机腹,供无人机在不同姿态时选用。

5.4.3.4 气象影响规划

每种无人机都有最低限度的飞行天气条件,要充分考虑雨、雪、雾和沙尘等特殊气象环境对链路传输信号的损耗,由此计算出对信号传输距离和传输速率带来的影响,确定本次任务中链路系统的性能指标。此外,还需考虑日凌等特殊自然现象对卫星下行信号产生的干扰。

5.4.3.5 功率配置

无人机在临近敌方空域飞行时,可能会受到敌方防空系统的攻击,这些防空系统可能使用雷达、光学和电子-光学设备等对无人机进行探测和跟踪。这就需要在任务规划期间对机载链路终端的功率参数进行规划,使无人机进入敌方防空系统侦察范围时链路终端处于静默状态,规避敌方的截获与干扰。

5.4.3.6　指挥权交接

当无人机进行异地起降或者远程指挥时存在指挥权交接的问题,一般为保证飞行安全,指挥权交接会在无人机至少有两条链路正常通信时进行,通常在交权方保证无人机视距、卫星通信同时通信正常,且飞行高度达到安全高度时,通知接权方开始接收链路信号。当接收到正常的遥测和数据传输信号后,通过"抢权"方式获得一条链路的控制权(远程控制站控制卫星通信链路,近程控制站控制视距链路),交权方在确认接权方已经控制链路后,设置交权方地面设备静默,继续监控无人机的遥测和数据传输信号,直到链路中断或交权方需要执行新任务为止。

5.5　无人机载荷规划

无人机在执行任务前需根据任务要求、装备资源、战场环境等条件进行载荷规划,除进行飞行航路、链路等规划外,任务载荷规划也是其中重要的规划内容。本节简要介绍侦察监视、武器攻击、通信中继、靶标四类典型任务载荷,重点阐述侦察类、攻击类载荷规划方法与流程。

5.5.1　无人机典型任务载荷

无人机已被广泛应用于照相侦察、情报收集、侦察监视、毁伤效果评估、人员搜救、对地攻击等任务。支持无人机完成这些任务的任务载荷主要有光学相机、电视摄像机、红外热像仪、激光测距机、合成孔径雷达、通信设备、电子干扰设备、武器弹药等。根据任务载荷的功用,可以将其划分为侦察监视类、武器攻击类、通信中继类和靶标类载荷设备。

5.5.1.1　侦察监视类载荷设备

1. 光学相机

光学相机是最早在无人机上使用的侦察设备,早期使用的都是胶片光学相机,其获得的侦察照片需要在无人机被回收后冲洗胶卷才能得到,侦察的实时性差,相机的信息容量有限,使用局限性大。目前主要以光学电荷耦合器件(charge-coupled device,CCD)为主,光学 CCD 相机属于数码相机,存储容量大,获得的侦察照片通过数据链路实时下传,侦察的时效性好、体积小、重量轻,不易受磁场影响,具有抗震动和撞击特性。但是光学相机只能白天使用,且对天气条件要求高。

2. 电视摄像机

电视摄像机是指把光学图像转换成便于传输的视频信号,一般分为黑白和彩色两类。电视摄像机可以对任务区域形成连续动态的视频流情报,对于提高侦察监视效能和搜索跟踪目标非常有益,已成为无人机侦察设备的基本配置。目前,无人机上使用的电视摄像机基本是 CCD 电视摄像机,具有体积小、重量轻、功效低、灵敏度高、寿命长等优点。电视摄像机同样只能白天使用,且对天气条件要求高。

3. 红外热像仪

红外热像仪是一种通过光学系统把景物红外辐射成像在红外敏感元件阵列上,并变换成视频电信号的热成像探测装置,能够仅依靠物体自然放射的红外辐射获得可见的热图像,可通过数据链路实时回传到地面站。红外热像仪最大的优势就是能够在夜间没有光线的情况下,不需依靠其他辅助设备或光源即可获得关于被探测物体的清晰图像,不仅自身隐蔽性好,而且一般不易被目视伪装或假目标欺骗。红外热像仪的这一优势,弥补了可见光侦察设备的不足,所以两者结合,可以完美实现昼夜 24 小时的连续图像侦察。

4. 激光测距机/激光目标指示器

激光测距机是一种通过激光发射、接收原理来测量无人机至地面目标距离的测距设备,主要由激光发射装置、激光接收装置和信号处理部分组成。激光目标指示器是通过发射激光束为激光制导导弹指示目标的一类任务设备。

5. 合成孔径雷达

合成孔径雷达(synthetic aperture radar, SAR)是一种利用合成孔径技术、脉冲压缩技术和数字信息处理技术,通过在平台上移动天线来获得高分辨率图像的雷达系统。它能够在全天候、全天时条件下进行对地观测,具有穿透云雾和植被的能力。合成孔径雷达的最大优势在于远程、高精度、低重量、全天候。相比于要获得同样分辨率的真实孔径雷达,合成孔径雷达的重量和体积大大减小,因此合成孔径雷达成为机载侦察设备的一种重要载荷。合成孔径雷达是一种侧视成像设备,即雷达波的发射方向与机载平台的飞行方向必须是垂直的,所以使用合成孔径雷达进行侦察时,无人机平台必须沿侦察区域的侧向飞行。合成孔径雷达能够实现远程高精度侦察,为防区外远距侦察提供了有效手段,工作模式主要有条带模式和聚束模式两种。条带模式通过在飞行方向上扫描来收集数据,而聚束模式则通过聚焦波束或信号来提高成像精度,在无人机侦察中发挥着重要作用。

6. 激光雷达

传统侦察设备对于被叶簇等物体遮挡的目标难以实现很好的侦察和识别,激光雷达则较好地解决了这一问题。激光雷达的波长短,不但可以探测到叶簇下的目标,还可以对目标进行分类,提供目标的精确信息,并且可以形成 3D 图像。

5.5.1.2 武器攻击类载荷设备

对于察打一体型无人机,除具备有常规的侦察载荷之外,还可携带用于执行攻击任务的武器攻击类载荷,主要分制导武器、非制导武器、定向能类武器等。目前无人机上常见的武器攻击载荷如下。

(1)空地制导导弹。这是目前使用和研制最多的一类武器载荷。最出名的是激光制导的"海尔法"空地反坦克导弹,这是美军装载在无人机上的第一型攻击武器,美军利用装载该型弹的"捕食者"无人机实施了多次有效的打击,开创了无人机对地打击的先河。

(2) 小型制导炸弹。美军为无人机研制了一种小口径炸弹(SDB),也称小型灵巧弹,是波音公司研制的一种小型制导炸弹,采用硬目标灵巧引信,可以保证炸弹在完成穿透过程后爆炸。小口径炸弹采用双锥型弹头,在接近目标时,为增加炸弹的末速度,活动尾翼套件可抛放。

(3) 反辐射导弹。反辐射导弹是用于对重要辐射源进行攻击的一类制导导弹。其制导方式是被动雷达制导。导弹导引头捕获到特定的频率信号后,就会在制导控制系统的控制下对辐射源进行攻击。

(4) 新概念武器。新概念武器是指运用声、光、电等新概念技术原理研制的武器。未来无人机上可能使用的新概念武器主要有激光武器和高功率微波武器等定向能类武器。激光武器是使用激光直接照射武器或人员使其丧失作战能力的一类定向能武器。如图5-19所示,高功率微波武器是把高功率微波源产生的微波经过高增益天线定向发射出去,将微波能量聚集在狭窄的波束内,以极高的强度照射目标以产生杀伤和破坏效果的一类武器。其优点是:波束较激光波束宽,对目标跟踪的精度要求较低;杀伤效果与作用距离有关,具有远距离干扰、近距离摧毁等多种杀伤效应。

图5-19 携带高功率微波武器

5.5.1.3 通信中继类载荷设备

对于通信中继型无人机,需要携带通信中继类载荷设备,实现对无线电通信信号的中继,提供语音和数据通信等服务。中继通信是中小型无人机战术运用的一种常见模式。美国国防部曾提出将无人机作为一种机载通信节点(CAN),以弥补

卫星通信能力对于战术运用的不足和局限,主要特点是:

(1) 无人机机载通信节点能够比卫星通信更有效地满足各类战术通信的要求。

(2) 卫星虽然具备全球通信覆盖的优势,但在复杂对抗环境下,无人机机载通信节点更具机动性和灵活性,在局部范围将比卫星通信更有优势。

(3) 在战时对抗条件下,无人机机载通信节点能够有效地补充卫星通信在容量和链接上的不足。

(4) 长航时无人机机载通信节点通过联网组成空中机动通信网,可以更好地保证大范围区域内超大容量、高实时性的指挥通信需求,大大降低通信保障的成本。

5.5.1.4 靶标类载荷设备

靶标类载荷是指用于无人靶机,为靶机的飞行、目标显示和回收等服务的任务载荷,主要有脱靶量指示器、雷达增强器、红外增强器、目视增强器和拖曳靶标等。

(1) 脱靶量指示器。用于测量指示地空导弹或高射炮弹打击脱靶量的设备。这种指示器一般要与地面接收站共同使用,对导弹射击靶标时的脱靶量参数进行实时的测量和指示。

(2) 雷达增强器。用于增强靶机雷达反射信号的强度,使其与真实空中目标的回波强度相近,从而使靶机更逼近于真实目标。

(3) 红外增强器。用于增强靶机的红外辐射特性,使其与真实空中目标的红外辐射特性基本一致,目的也是使靶机更逼近于真实目标。

(4) 目视增强器。是一种用于使低空射靶人员更容易发现靶标的发烟装置。

(5) 拖曳靶标。用于靶机外拖曳或吊挂的靶标,目的是使打击武器直接打击靶标而保存无人机,确保无人机可以反复使用。

5.5.2 侦察类载荷规划方法与流程

5.5.2.1 规划方法

在高空长航时无人机的侦察任务规划中,各个目标点对成像质量具有一定的要求,即指定了相应的美国国家图像质量分级标准(National Imagery Interpretability Rating Scales, NIIRS)值,当无人机到达目标区域附近时,如何根据成像质量要求对传感器的工作状态和参数进行规划,是一个具有重要意义的问题。在明确各因素对侦察成像质量影响的情况下,以图像可解释性等级作为优化指标对主要因素进行规划,得到传感器侦察成像时的关键参数,制定传感器工作计划,其基本原理如图5-20所示。

地面采样距离(ground sampling distance, GSD)是传感器在地面投影的最小分

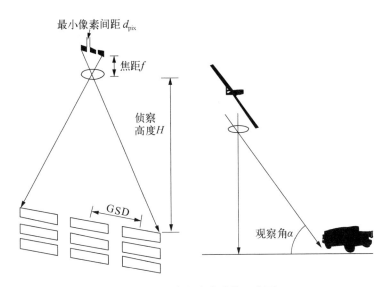

图 5-20　高空侦察成像示意图

辨距离,与传感器的焦距f、侦察高度H、观测角度α以及传感器阵列最小像素间距d_{pix}相关。

1. 传感器焦距

焦距是传感器透镜光心到光聚集焦点的距离,是成像传感器的重要参数,侦察传感器焦距变化对最终侦察图像的质量会有一定影响。

2. 侦察角度

侦察角度是雷达波束上边缘与水平面的夹角。以"全球鹰"无人机为例,所携带的侦察传感器的侦察角度如图 5-21 所示,在使用侧视侦察方式时,左右两侧的侦察角度都可以在10°~90°内变化,执行侦察任务采用侧视方式时,当侦察角度为45°时,可以使传感器获得最佳的图像质量。

图 5-21　"全球鹰"光电和红外光谱传感器工作角度示意图

3. 侦察高度

利用机载侦察传感器对目标进行侦察,获取高质量的侦察图像信息,是高空长航时无人机的主要任务之一。高空长航时无人机作为侦察传感器的搭载平台,其飞行航线与传感器的侦察效果有着密切关系。高空长航时无人机的飞行航线涉及无人机的生存概率,只有满足一定要求的航线才能为机载传感器提供最佳的侦察高度、成像角度与时机;高空长航时无人机的主要任务之一是获取高质量的情报信息,以高质量侦察图像为核心,根据传感器的不同工作原理与性能对飞行航线提出了各项约束指标。

当侦察传感器的成像位置越高时,所能够获得的图像质量等级就会逐步降低。可以事先根据目标点的侦察成像质量要求,确定无人机在目标点的飞行高度。

在侦察任务规划的过程中,通常根据目标点对成像质量的 NIIRS 要求,计算侦察成像时高空长航时无人机在目标区域附近侦察成像的飞行高度和侦察角度,实现对传感器侦察参数的预先规划。

综上所述,无人机在到达目标附近执行侦察任务时,飞行航线与侦察传感器工作计划的影响非常紧密,为了获取满足要求的侦察图像,必须综合考虑无人机的侦察飞行航线,以确保生存概率;同时,还要对机载侦察传感器进行合理规划,以获取高质量的侦察图像。

5.5.2.2 规划流程

1. 数据准备和约束分析

在进行任务载荷规划前,应充分收集、分析和准备相关数据,主要包括战场地理气象环境数据、敌方威胁和目标数据、我方平台和载荷性能数据三类,具体为:

(1) 对执行任务产生影响的云、雨、雾、风等气象状况数据;

(2) 任务执行区域地形、地貌、地物等战场地理环境数据;

(3) 任务执行区域敌雷达探测范围和防空火力分布、限制区、禁飞区等战场威胁数据;

(4) 目标位置、数量、运动特性(如固定目标、机动目标等)、隐蔽特性、分布情况等;

(5) 可用平台的型号、续航时间、升限、爬升率等,可用载荷的类型、性能、型号、数量、备件情况等。

在任务载荷规划前及规划中还应考虑若干约束条件,主要包括:

(1) 无人机应飞的关键航路点;

(2) 平台物理性能约束,如无人机的机动能力、挂载能力等;

(3) 平台携带燃料总量、时间约束等;

(4) 成像质量要求、信号质量要求等;

(5) 多机协同侦察时还要考虑协作性要求。

2. 任务载荷规划

无人任务载荷规划流程一般分为两个阶段:由上级指挥信息系统进行的概略规划,以及由无人机任务控制站进行的详细规划。

1) 任务载荷概略规划

上级指挥信息系统根据作战命令,分解出无人机兵力的作战任务,形成无人机作战计划,内容包括任务目标或区域、关键的航路点或航线、任务执行时间范围、无人机兵力编成、侦察效果要求等。同时,根据数据库中存储的作战区域基本气象、环境数据以及无人机需要完成的作战任务,分析所需搭载的任务载荷类型,例如作战任务为日间侦察,战区为沙尘气候,建议搭载 SAR 成像传感器和可见光成像传感器。

2）任务载荷详细规划

无人机任务控制站接收上级指挥信息系统生成的无人机作战计划,根据本地数据库中存储的无人机平台当前的物理性能参数(最大拐弯角、最大爬升/俯冲角、升限、最低飞行高度、续航能力、低空加速性能等)、战场威胁数据(敌对空探测包络、敌防空火力范围、限制区域、禁飞区域等),以及本地接收的情报保障数据和战场态势数据,结合无人机飞行的燃料总量、时间约束等,对无人机的飞行航路进行详细规划。

根据无人机作战计划以及飞行航路规划结果,针对目标/任务区域地理环境、气象状况、目标特性、侦察载荷性能等,考虑成像质量、信号侦察质量等约束,选择适宜的载荷型号和工作模式,规划载荷侦察的最佳路径,确定与路径点相关的载荷动作(开关机、调整视角、调节焦距、调节分辨率、设置瞄准模式、切换侦收频率等)。在侦察载荷规划过程中,可能发现原有的飞行航路规划难以满足成像高度、成像角度、分辨率等要求,需要对航路规划进行调整,例如降低飞行高度、调整部分航路点、降低飞行速度等。通过交互调整,使侦察载荷规划与飞行航路规划达到协调统一,以满足作战任务要求。

最后,侦察载荷规划与飞行航路规划结果合并表示为一系列航路点及各个点上执行的载荷动作,并采用标准格式输出。

5.5.3 攻击类载荷规划方法与流程

攻击类载荷规划需要根据目标特点选择合适的攻击武器,并根据武器性能来调整飞行路线,使无人机以最大生存概率沿特定航路飞行,无人机在合适的位置点完成攻击前准备、在最佳武器投放点或投放域展开攻击,以对目标最大杀伤概率完成攻击任务。通常它主要由目标分析、目标通视性、发射区计算、攻击航路规划等组成。

5.5.3.1 目标分析

目标分析的目的是选择攻击目标。任务规划员首先选择合适的目标,对目标特性进行分析确认将要打击的目标是否正确,选定目标后,通过无人机机载传感设备传回目标的特征信息,分析目标的类型,选择合适的攻击武器,以确定能否满足武器攻击条件。

无人机对地攻击的典型目标有各级指挥机构所在地,机场,地空导弹阵地与高炮连、预警雷达、地地导弹阵地,地面部队与补给基地,铁路枢纽和桥梁,重要军民两用目标等。

5.5.3.2　目标通视分析

无人机在对地面目标进行攻击时,不但要对目标的基本物理特性进行分析,还要根据目标的所处位置进行目标通视性分析,例如当飞行高度较低时,地形的起伏有可能遮蔽目标。进行该项分析,主要考虑当目标布防位置或行动机动路线位置与攻击方的无人机存在地理遮蔽上的盲区,该盲区的存在必然会对电视指令制导、激光制导以及人在回路的各类武器使用方式造成一定的干扰和影响,主要影响有:

(1) 对目标可视观察的影响;

(2) 对制导指令干扰的影响;

(3) 对目标回波信号的干扰。

根据作战需求,最常用的通视分析主要有以下两种情况:

(1) 空间任意两点之间的通视分析;

(2) 空间任意点对指定区域的通视分析。

5.5.3.3　发射区计算

无人机武器发射区计算需要根据武器类型、目标位置建立武器投放模型,计算出武器的发射区域或投放点,以保证无人机在执行打击任务时能准确飞到发射区域,并在合适的位置点完成攻击前准备,在最佳的武器投放点或投放域展开攻击,从而实现对目标的最大杀伤。

5.5.3.4　攻击航路规划

无人机攻击航路规划是指综合考虑无人机性能参数、地形、火力威胁、航路约束和人的决策因素等,为无人机规划出最优或满意的攻击航路集,使无人机能有效规避敌方威胁环境,安全抵达武器发射区或投放点,完成对敌攻击的预定任务。

在敌方防御区域内执行任务时,无人机需要选择一条能够到达目标点的航路,保证有较小的雷达可探测概率及可接受的航程,在目标上空发现目标后,无人机根据自身高度、速度、所携带武器进入合适的攻击航路。在接收到允许攻击指令后,无人机能在最佳攻击位置实施攻击,为最大概率杀伤目标创造条件。通常情况下,无人机的攻击航路规划最主要是规划无人机武器发射前的飞行航线,但在发射后进行侦察评估时,还必须规划武器发射后的飞行路线。

5.5.3.5　典型对地攻击流程

以对地攻击任务为例,假设无人机的武器配置为激光制导导弹。在这种攻击方式下,攻击目标信息需由地面情报提供,由地面引导光电传感器跟踪目标,攻击过程由光电吊舱和激光制导武器配合完成,由任务监控员向无人机发送攻击许可,无需进行实时人工投弹操作。假定攻击目标为地面固定目标,无人机搜索高度为侦察高度,执行打击任务时需根据气象状况和挂载武器类型决定作战高度。典型的攻击流程如下。

1. 搜索

由地面引导无人机进入任务区域,将目标坐标传递给光电吊舱,吊舱进入地面跟踪模式。

2. 下滑

无人机开始盘旋下滑,光电吊舱保持地理跟踪模式,实时监视目标。一旦可以看清目标,且高度进入武器发射高度范围内,无人机停止盘旋下滑,在当前高度进行等高盘旋。

3. 识别与跟踪

无人机定常盘旋,同时光电吊舱跟踪目标,进入目标跟踪模式,地面开始识别目标,等待攻击许可。

4. 攻击

获得攻击许可后,由机载火控系统给出攻击导引,导引无人机进入发射区,使武器满足发射条件,然后武器自动发射。

5. 评估

武器发射后,无人机进入原等高盘旋航线进行毁伤评估,并等待新的指令。

6. 恢复巡航

打击任务完成后,无人机爬升至巡航高度,准备进入归航阶段。无人机采用水平面机动方式攻击地面固定目标,如图 5-22 所示。

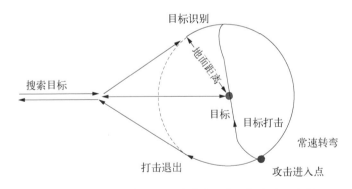

图 5-22　无人机水平面机动攻击固定目标方式示意图

无人机的攻击航路规划主要规划无人机武器发射前和发射后的飞行航线。以激光制导武器为例,由于需要对攻击目标提供激光照射,无人机投放武器后,必须保证所规划的飞行路线能使机载激光照射设备一直对准目标,直到导弹命中目标。同时为了保证攻击后能对目标进行评估,所规划攻击航路的退出段,一般还要加上侦察盘旋航路,满足对目标毁伤的评估要求。

5.6 本章小结

本章主要介绍了无人机任务规划的基本概念、规划模型、航路规划、链路规划、载荷规划等内容。可以看到无人机任务规划一端承载着无人机与作战体系的交联,另一端承载着对无人机的引导和控制,其本身虽然不具有任何硬杀伤或软杀伤效果,但却是作战效能提升的倍增器。当前不同无人机平台都会有自己的任务规划系统,是自成体系的这种"烟囱式"发展模式。为了有效降低无人机装备在设计开发、人员培训等方面的成本,促进不同型号无人机之间的资源共享与互联互通,通用化是无人机作战任务规划系统研制发展的一个重要方向。通过任务规划系统的通用化设计开发,可以实现无人机地面站"一站控多机、一站控多型",从而快速提升无人机作战任务规划能力。

思 考 题

1. 什么是无人机任务规划?
2. 无人机任务规划功能有哪些?
3. 无人机任务规划的一般流程是什么?
4. 数字地图的特点有哪些?
5. 数字地图主要有哪几类?
6. 无人机航路规划典型算法有哪些?
7. 一般情况下,无人机航路分为哪几个航段?
8. 无人机链路系统主要威胁有哪些?
9. 应对无人机链路威胁可采取哪些措施?
10. 无人机任务载荷主要分哪几类?

第六章
无人机地面控制站原理与技术

【知识导引】

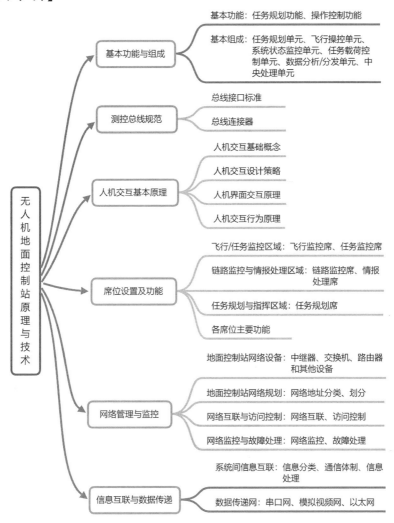

无人机地面控制站原理与技术

- 基本功能与组成
  - 基本功能：任务规划功能、操作控制功能
  - 基本组成：任务规划单元、飞行操控单元、系统状态监控单元、任务载荷控制单元、数据分析/分发单元、中央处理单元
- 测控总线规范
  - 总线接口标准
  - 总线连接器
- 人机交互基本原理
  - 人机交互基础概念
  - 人机交互设计策略
  - 人机界面交互原理
  - 人机交互行为原理
- 席位设置及功能
  - 飞行/任务监控区域：飞行监控席、任务监控席
  - 链路监控与情报处理区域：链路监控席、情报处理席
  - 任务规划与指挥区域：任务规划席
  - 各席位主要功能
- 网络管理与监控
  - 地面控制站网络设备：中继器、交换机、路由器和其他设备
  - 地面控制站网络规划：网络地址分类、划分
  - 网络互联与访问控制：网络互联、访问控制
  - 网络监控与故障处理：网络监控、故障处理
- 信息互联与数据传递
  - 系统间信息互联：信息分类、通信体制、信息处理
  - 数据传递网：串口网、模拟视频网、以太网

地面控制站是地面站系统的重要组成部分,是整个无人机系统的"神经中枢",主要用于完成无人机的指挥调度、任务规划、操作控制、显示记录和情报分发等功能。地面控制站涉及测控总线、人机交互、网络通信、数据传输等技术。本章概述地面控制站的基本功能与组成,分析地面控制站中测控总线规范、人机交互系统、网络管理与监控基本原理,阐述地面控制站的席位设置及功能,分析地面控制站系统间信息互联与数据传递关系。

6.1　基本功能与组成

无人机虽然没有飞行员在机上操纵,却需要地面人员的操控。由于"机上无人",无人机在飞行前需要事先规划和设定其飞行任务和航路。在飞行过程中,地面人员还要随时了解无人机的飞行情况,根据需要操控飞机调整姿态和航路,及时处理飞行中遇到的特殊状况,以保证飞行安全和飞行任务的完成。另外,地面操控人员还要通过数据链路监控机上任务载荷的工作状态,以确保侦察监视等任务的圆满完成。而地面人员要完成这些指挥控制与操作功能,除了需要数据链路的支持进行数据传输和指令发送外,还需要提供任务规划与指挥控制方面相应的设备或系统,这就是无人机的地面控制站。地面控制站在整个无人机系统中的作用关系如图6-1所示。

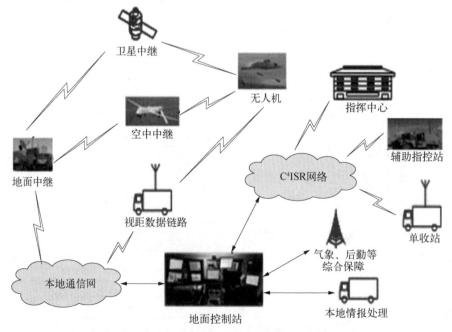

图6-1　无人机地面控制站作用关系示意图

无人机系统是由无人机平台、地面控制站、保障设备和训练有素的操作人员构成的一个完整系统。其中,地面控制站(ground control station, GCS)是构成无人机地面站系统的重要组成部分和关键子系统,也称作指挥控制站(comand control station, CCS),一般包括起降控制站和任务控制站。起降控制站通过视距链路控制无人机的起飞和降落,不负责任务载荷设备的控制和任务载荷数据的接收;任务控制站则通过视距和卫星中继链路控制无人机的飞行和任务载荷设备,及其载荷数据的接收和转发。

6.1.1　基本功能

地面控制站是整个无人机系统的"神经中枢"。其主要功能是进行无人机的任务规划与指挥控制,包括指挥调度、任务规划、操作控制、显示记录和情报分发等。指挥调度功能包括上级指令接收、系统联络和调度;任务规划功能包括飞行航路的规划与实时重规划,以及任务载荷的工作规划与重规划;操作控制功能包括起飞着陆控制、无人机操控、任务载荷操控和数据链路控制;显示记录和情报分发功能包括飞行状态参数的显示记录、航迹的显示记录、载荷状态的显示记录和情报的处理与分发。

(1)地面控制站系统具有自检和故障隔离功能,并能在无人机不实际飞行的条件下(无人机由内置模拟器替代)模拟训练操作人员,这种方式称为仿真训练模式。仿真训练模式下,无人机无需起飞,地面控制站的操作人员可以进行从任务规划到任务完成过程中所有内容的操作,这些操作基于相关软硬件实现,用于操作人员的操作技能训练。

(2)地面控制站包括从发射准备到回收过程中需要系统干预和确认系统完好性的所有控制单元。根据不同无人机系统的使用要求,控制站可以包括发射装置、发射控制、轨道控制、任务载荷链路设备、回收装置、飞行终端和拦阻系统。

(3)地面控制站需要为操作人员提供"友好"的人机界面,人机界面上具备基本的飞行和导航功能,并且在飞行和控制功能中提供必要的自动操作。

(4)地面控制站具备对任务载荷的操控功能。根据任务载荷操作的自动化程度实现对任务载荷的有效操控,导航、飞行及任务载荷的自动操作相互协同,即无人机按预定的标准飞行路线飞行,而飞行路线与任务载荷相互配合,能够对指定区域进行有效侦察、监视或打击等。

(5)地面控制站通过数据链路系统控制无人机的飞行。使用数据链路系统的上行链路发送无人机及其传感器的命令信号,使用下行链路接收来自无人机的状态信息及其传感器信息。因此,地面控制站包括用来操作数据链路的控制装置。通过数据链路可以测量无人机的方位角和距离,以确定无人机相对于地面控制站的位置。

（6）地面控制站能够为操作人员显示无人机的基本状态信息和任务载荷采集数据。无人机的基本状态信息包括位置、高度、航向、空速及剩余燃油等，与有人机驾驶舱内的显示相似，将来自模拟仪表的信号转换为数字或文字显示。任务载荷采集数据显示信息的方式各异，取决于传感器的特性和使用信息的方式。

（7）地面控制站提供对无人机和传感器任务载荷的输入接口，可由操作人员借助飞行操纵杆、电位器旋钮、开关或键盘等各种输入装置来实现。

（8）地面控制站还具备给无人机操作人员指派任务、下达命令以及与其他数据用户进行通信等功能。

综上所述，地面控制站的基本功能归纳总结如表 6-1 所示。

表 6-1　地面控制站功能

任务规划	处理战术信息
	研究任务区域地图
	标定飞行路线
	向操作人员提供规划数据
操纵控制	加载任务规划数据
	发射无人机
	监视无人机位置
	控制无人机
	控制和监视任务载荷
	建议修改飞行规划
	报告给指挥员相关信息
	保存传感器信息（需要时）
	回收无人机
	传感器数据的硬拷贝，或数字磁带/磁盘备份

6.1.2　基本组成

地面控制站有多种形式，如便携式、车载式、舰载式等，甚至可以综合到指挥控制飞机上。地面控制站通常可以移动，一般采用模块化标准件。在大中型无人机系统中，地面控制站通常包括若干个功能不同的控制站，这些控制站通过通信设备连接起来,构成了无人机的指挥控制系统。一架无人机可由一个地面控制站完成所有的指挥控制工作,也可由几个地面控制站协同完成全部的指挥控制任务。

为了实现无人机系统的功能,地面控制站通常包含下列模块:

(1) 无人机状态的读取和控制;

(2) 任务载荷数据的显示和任务载荷的控制;

(3) 用于规划任务、监控无人机位置及航线的地图显示;

(4) 数据链路地面终端,用于发送命令给无人机和任务载荷、接收来自无人机的状态信息及任务载荷数据;

(5) 一台或多台计算机,用于为操作人员提供控制无人机的界面,以及控制无人机与地面控制站间的数据链路、信息互联和数据传递;

(6) 与外部系统的通信链路,用于指挥控制以及分发无人机收集到的信息。

典型地面控制站的基本组成如图 6-2 所示,由若干个控制单元组成,包括任务规划单元、飞行操控单元、系统状态监控单元、任务载荷控制单元、数据分析/分发单元和中央处理单元,分别实现上述相应的地面控制站模块的功能。

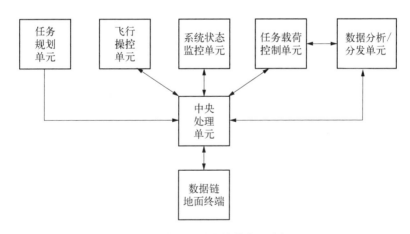

图 6-2　地面控制站的基本组成框图

作为无人机系统的"神经中枢",地面控制站的结构应具有开放性、互用性和公共性。

开放性是指对现有模块不必重新设计,就可以在地面控制站中增加新的功能模块。例如,一个开放性的结构允许在任务规划与控制站中增加无人机传感器所需的处理显示功能和数据流输入输出功能,而且增加新功能只需简单地把一个新的在线可更换单元插入地面控制站内的某种数据总线插槽内,即可把新功能模块添加到地面控制站中。

互用性指地面控制站能控制任何一种不同类型的无人机或任务载荷,并能接入连接外部系统的任何一种通信网络。

公共性指某个地面控制站与其他地面控制站使用的硬件和软件模块部分或全部相同。

显然,这三个概念并非相互独立,它们从不同角度以不同方式对地面控制站进行描述。开放性结构通过容纳新的软件和硬件来控制不同的无人机或任务载荷,使得互用性更加易于实现,通过容纳新的软件和硬件也便于实现公共性。与封闭式结构相比,开放式结构更容易实现互用性和公共性。然而,这三个概念中没有一个能自动涵盖另外两个概念。

6.2 测控总线规范

为了使地面控制站的结构具有开放性、互用性和公共性,地面控制站中各个控制单元之间以及单元内多台计算机完成信息互联和数据传递时,需要遵循统一有效的测控总线规范,即将各控制单元硬件按照总线接口标准与总线连接,而不需要单独设计连接,从而简化系统软硬件设计,方便系统组建,且可靠性高,同时也易于系统的扩充和升级。

总线是一组信号线的集合,是在一个系统中各功能部件之间进行信息传输的公共通道。总线的特点在于其公用性和兼容性,它能同时挂连多个功能部件,且可互换使用。无人机地面控制站测控总线为Compact PCI总线。Compact PCI总线简称CPCI,又称紧凑型PCI,是全球PCI工业计算机制造组织于1994提出来的一种总线接口标准,是以PCI电气规范为标准的高性能工业用总线。Compact PCI在电气、逻辑和软件方面,与PCI标准完全兼容。

6.2.1 总线接口标准

Compact PCI总线系统主要采用了三大核心技术:PCI局部总线、标准的Eurocard尺寸(根据IEEE 1101.1机械标准)、高密度2 mm引脚与插座连接器。具有如下特点:

(1)业界标准PCI芯片组,以低价格提供高性能;

(2)单总线8个槽,可通过PCI桥扩展;

(3)欧式插卡结构;

(4)高密度气密2 mm针孔接头;

(5)前面板安装和拆卸;

(6)板卡垂直安装利于冷却;

（7）强抗冲击和震动特性。

Compcat PCI 总线接口标准是一种基于背板连接的计算机系统和 I/O 系统标准，包括物理规格、电器特性、各种通信总线、可靠性、可管理性等一系列特性，Compact PCI 板卡和机箱如图 6-3 所示。

图 6-3　Compact PCI 板卡与机箱

Compact PCI 总线板卡的封装结构基于 IEC 60297-3、IEC 60297-4 以及 IEEE 1101.10 定义的欧式板卡外形，有 3U 和 6U 两种欧式插卡规格。3U Compact PCI 卡尺寸为 160 mm×100 mm，6U 卡为 160 mm×233.35 mm，3U 高度是满足 64 位 Compact PCI 总线要求的最小尺寸；6U 尺寸可满足信号线外扩需要以及板上器件空间外扩需要。Compact PCI 背板连接器有 5 个或 8 个插槽，当工作在 33 MHz 时最多可有 8 个插槽，66 MHz 时最多可有 5 个插槽，如图 6-4 所示。

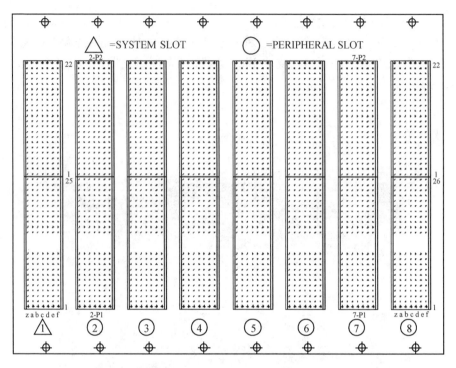

图 6-4　Compact PCI 物理槽定义

6.2.2　总线连接器

Compact PCI 总线连接器是由 IEC 60917 和 IEC 61076-101 定义的屏蔽式 2 mm 间距 5 行的连接器。包括如下特性：

（1）针孔互联机制；

（2）多供应商支持；

（3）能够提供固定编码键的编码机制；

（4）引脚长短交错以支持热插拔功能；

（5）选装后面板，以满足直通背板的 IO 应用需求；

（6）高密度 PCI 能力；

（7）有效屏蔽电磁干扰/射频干扰；

（8）最终用户的可扩展性。

Compact PCI 总线互联被定义成一个 5 行 47 列的引脚阵，如图 6-5 所示。这些引脚逻辑上被分成与物理连接器相对应的两组。32 位 PCI 和连接器编码键区安排在一个连接器 J1 上。另一个连接器 J2 被定义为 64 位传输，后面板 IO 或物理寻址。Compact PCI 针孔连接器利用位于适配器和背板连接器上的定向特性来确保极性匹配。

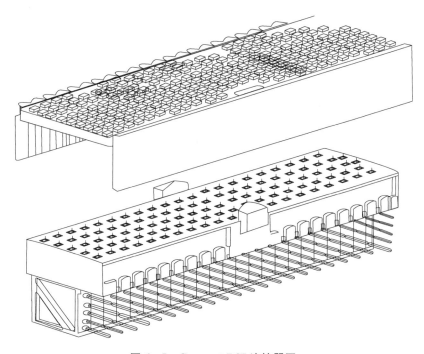

图 6 - 5　Compact PCI 连接器图

Compact PCI 使用符合 IEC - 1076 国际标准的高密度气密式针孔连接器,其 2 mm 的金属针脚具有低感抗和阻抗,从而减少了高速 PCI 总线引起的信号反射。

6.3　人机交互基本原理

无人机"系统有人"的特点,决定了操作人员需要在地面控制站中通过人机交互来完成对无人机的指挥调度、任务规划、操作控制、显示记录和情报分发等功能,操作人员与地面控制站安全、高效、友好的人机交互是完成无人机作战任务的基础和保障。

6.3.1　人机交互基础概念

人机交互是指运用人体科学理论与方法,以人为主体,研究人-机-环境系统中各元素相互协调、相互配合规律,最终求得人机环境整体系统最优化的信息交换过程。在人-机-环境系统中,"人"是指作为工作主体的人,指参与系统工程的作业者,如操作人员、决策人员、维护人员等;"机"是指人所控制的一切对象,指处于同一系统中与人交换信息、能量和物质,并为人实现系统目标的物理实体,如汽车、飞机、轮船、具体系统和计算机等的总称,在无人机地面控制站设计中,指地面控制站中的座椅、操纵杆、脚蹬、仪表板和计算机等;"环境"是指人、机共处的外部条件

（如外部作业空间、物理环境、生化环境和社会环境）或特定工作条件（如温度、噪声、振动、有害气体、缺氧、低气压、超重及失重等），在地面控制站设计中为控制站舱内的工作环境。

人机交互设计既需要考虑"界面"的设计，又需要考虑"交互"的设计，前者可以理解为显示和控制计算机的工具或载体，后者可以理解为用户通过显示和控制工具或载体去与计算机进行信息交流的行为活动。设计人员在进行人机界面设计时，需要考虑工具或者载体的呈现形式，还要考虑用户使用工具或载体所做的活动（包括肢体活动和心理活动）。

把人、机、环境三者视为相互关联的复杂巨系统，运用现代科学技术的理论与方法进行研究，使系统具有"安全、高效、经济"等综合效能。在无人机地面控制站设计中就要以人机工程理论为基础，对无人机地面控制站内的设计元件进行合理布局，使操作人员能舒适、高效和安全地操控无人机并完成特定的作战任务。

6.3.2　人机交互设计策略

良好的人机交互设计是确保操作人员与地面控制站进行安全、高效、友好交互的根本保障，也是确保无人机作战效能发挥的重要基础。人机交互设计涉及人体模型建立、地面控制站元件设计、计算机建模分析等要素的设计策略。

1. 人体数据和人体模型

人体数据是通过人体测量学得到的不同人体百分位的线性和角度尺寸，也称作人体的静态和动态尺寸。根据统计学分析，不同群体的人体各项静态尺寸都服从正态分布，但由于种族、性别、年龄、地区和职业等因素，不同群体的人体尺寸存在着显著的差异性。因此，对不同的设计对象，需要使用不同的人体数据。在无人机地面控制站设计时，需要使用国军标中相关的人体数据，例如，飞行员人体侧面样板尺寸（GJB 36-85）和中国男性飞行员人体尺寸（GJB 4856-2003）等。

人体模型在分析时为多刚体系统运动学模型，在计算时为数字模型。人体的多刚体系统模型是以多刚体系统运动学为基础建立的人体三维模型。在设计分析时，可以通过次次变换矩阵得到人体各刚体部分在参考坐标系下的坐标值，从而确定人体各部分的活动范围和舒适域。随着计算机硬件的发展，人体数字模型在人机工程学设计中得到广泛应用，其理论基础是人体解剖学、多刚体系统运动学和计算机图形学等。研究人员可以自己建立模型，也可以使用嵌套在软件中的模型。

2. 地面控制站元件设计

无人机地面控制站的主要设计元件有操纵杆、油门杆、脚蹬、显示屏、控制面板、键盘鼠标、语音控制装置以及座椅等。它们都有相关的人机工程学设计原理。

操纵杆、油门杆、脚蹬、控制面板和键盘鼠标，同属于人的操作器设计。对于人的操作器设计，需要首先分析人手和脚的活动范围与受力情况。根据人体的多刚体系统模型可将人体模型分为上、下肢运动链,通过实验得到人体关节角度舒适值和人体多刚体模型的齐次变换值,然后求出人手和脚的活动范围与舒适域。将操纵杆、油门杆、脚蹬和键盘鼠标布置在人手和脚的舒适域内,而控制面板布置在人手的活动范围内。

座椅设计要从人体坐姿理论入手。与人体坐姿舒适性相关的参数是坐姿舒适角度和人体坐姿体压分布。坐姿舒适角度是由人们大量实验得到的推荐性角度范围。由于舒适角度值的范围受人种影响不大,因此可以借鉴美国、日本等国外研究成果。人体坐姿体压分布也是通过实验得到,它对座椅各设计元素(座高、座深、扶手高和头枕尺寸等)有重大的指导意义,相关几何尺寸可以参考有关座椅尺寸设计的国军标。

显示屏设计要考虑人体的视域分析。无人机的主要仪表和显示器应设计在飞行监控员的舒适视野内,便于飞行监控员观察监控。无人机仪表一般采用圆形指针式仪表,显示器宜采用液晶显示器,显示屏设计可以参照相关国军标。

3. 计算机建模分析

针对设计出的地面控制站元件尺寸和位置关系,需要进行计算机建模分析。各元件模型可以在相关 CAD 软件中建立。这些软件一般带有相关的人机工程学分析模块和人体数字模型,可以作为分析平台。计算机建模分析时,先在相关 CAD 软件中建立元件模型,再导入人机工程学分析软件中,用二次开发好的人体模型进行分析,来指导最终的人机交互设计。

6.3.3　人机界面交互原理

人机界面是人机交互有效开展的媒介和基础,人机界面直接面向地面控制站操作人员,功能强大、效率高效和富有情感的人机界面可以显著提升人机交互效能。

6.3.3.1　人机界面的定义

人机界面是指允许用户通过图形方式与机器进行交互的操作界面。地面控制站操作人员通过触碰、按压等形式传递指令信息,地面控制站席位收到信息后将其执行结果以图像形式反馈给用户,从而实现信息自身程序形式与人类可接受外在表达形式的相互转换。地面控制站人机界面由地面控制站席位中正在运行的窗口、文字或图案形成的菜单,标识各项功能的图标以及实现交互所用的选择标志四种主要元素组成,有静态、动态两种界面,是一种符合用户习惯,人、机、环境三者相结合的综合性界面设计。如图 6-6 所示,界

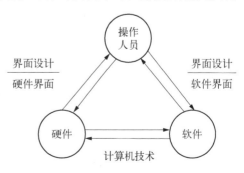

图 6-6　人机界面关系示意图

面设计的作用是协调好地面控制站中硬件界面与软件界面之间的关系,界面设计处理的是操作人员与硬件界面、操作人员与软件界面之间的关系,设计的是操作人员与地面控制站之间的交互行为。

图 6-7 地面控制站人机交互界面设计的目标层次

6.3.3.2 人机界面设计目标

地面控制站席位中人机界面的设计目标可以表述为:功能强大、效率高效和富有情感,三个设计目标的逻辑关系如图 6-7 所示。界面上功能是否全面、强大、安全,能否满足操作人员对功能的需求,是人机交互界面合格与否的基本评价标准。界面设计是否易于操作人员更高效地学习、使用并记忆,是人机交互界面性能好坏的关键评价标准。界面设计是否以富有人情味设计为目标,设计过程中是否更多地考虑操作人员的情感体验,是人机交互界面是否更有魅力、更容易理解的重要评价标准。

6.3.3.3 人机界面交互模型

常见的面向对象的人机界面交互模型有很多种,运用较成功的模型是模型-视图-控制器模式(model-view-controller,MVC)模型。该模型由控制器、视图和模型三类对象组成,如图 6-8 所示。控制器用于处理操作人员的输入行为并给出控制器发送事件;视图负责对象的可视属性描述;模型表示应用对象的状态属性和行为。

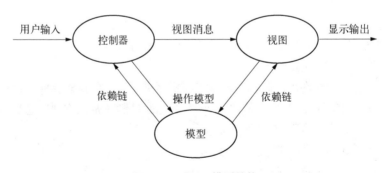

图 6-8 MVC 模型结构

1. 控制器将模型映射到界面中

控制器处理操作人员的输入,每个界面有一个控制器。它是一个接收用户输入,创建或修改适当的模型对象,并将修改结果在界面中体现出来的状态机。控制器决定哪些界面和模型组件在某个给定的时刻应该是活动的,负责接收和处理操作人员的输入,来自操作人员输入的任何变化都从控制器送到模型中。

2. 视图代表用户交互界面

随着应用复杂性和规模的增加,界面的处理也变得具有挑战性。一个应用可能有很多不同的视图,MVC 模型对于视图的处理仅限于视图上的数据采集和处理。

3. 模型负责业务流程/状态及业务规则的制定

业务流程的处理过程对其他层来说是透明的,模型接收视图请求的数据,并返回最终的处理结果。业务模型的设计是 MVC 最主要的核心,模型包含完成任务所需要的行为和数据。

6.3.4　人机交互行为原理

人机交互行为是操作人员与地面控制站人机交互的具体表现形式,一般满足人机交互行为设计原则,遵循人机交互行为的基本原理。

6.3.4.1　人机交互行为设计的原则

面向任务需求的人机交互行为设计满足以下原则。

1. 一致性原则

人机界面的一致性主要体现为输入、输出方面的一致性,即在不同应用系统之间以及应用系统内部具有相似的界面外观、布局,相似的人机交互方式,以及相似的信息显示格式等。

2. 提供信息反馈

人机交互的反馈是指操作人员从地面控制站席位获取到的信息,表示地面控制站席位已经对操作人员做出的动作有所反应。如果没有反馈,操作人员就无法知道地面控制站是否接收到操作人员发出的指令,可能造成命令重复提交。

3. 合理利用空间,保持界面简洁

界面布局要遵循美学上"简洁明了"的原则。空间之间有规律地间隔,行距行列整齐一致,易于阅读。

4. 合理利用颜色、显示效果实现内容与形式的统一

色彩可以增加界面视觉上的感染力,根据不同席位以及色彩学的相关知识对地面控制站席位的界面进行设计,也可以利用各种动画效果,动感显示对象功能。

5. 使用图像和比喻

图形具有形象、直观、信息量大等优点,使用图形和比喻来表示程序、实体和操作,可以帮助操作人员理解其功能和操作后产生的效果,更容易让操作人员产生心理模型,增强软件的可理解性和易用性。

6. 对操作人员出错的宽容性和帮助功能

人类的短期记忆能力非常差,操作人员输入、调试、运行时难免会出错。软件出错时能够帮助操作人员理解出现错误的原因和位置,并能指导操作人员解决或

者避免类似错误的发生。同时,具备良好的保护功能和恢复功能,可以防止因操作人员误操作而导致的系统运行状态和信息储存破坏。

7. 快速的系统响应

地面控制站中计算机软、硬件较多,在使用众多的硬件设备与其他软件系统连接时,人机界面要有较快的响应速度。

6.3.4.2 人机交互行为的基本原理

人机交互行为涉及人机工程学、认知学、可交互性以及其他方面的原理。

1. 人机工程学原理

人机工程学研究人机界面与人身体的接触,以及人体自身的生理特征,包括人的反应特征、心理特征、感知特征以及人的生活习性等。研究人的身体尺寸,可以让操作人员更舒适地在地面控制站中工作;研究人的心理特征,可以让操作人员更愉悦地工作;研究人体特征,可以更好地布局人机界面中显示与控制的分工,使得人机交互最优化。一般地,人机工程设计应满足安全性、舒适性和通用性原则。

(1) 安全性原则:是指地面控制站的安全、操作的安全以及操作人员的安全,安全性是人机工程设计的重点。

(2) 舒适性原则:是指操作人员对地面控制站的使用舒适性。良好的舒适性可以提高操作人员使用地面控制站的效率,舒适性是人机工程设计的重要内容之一。

(3) 通用性原则:地面控制站应能满足大多数操作人员的使用,"以人为本"理念是人机工程设计的基本要求。

2. 认知学原理

认知学是以人类大脑的功能结构、思维过程及心理活动为对象进行研究的一门综合性学科,涉及从感知输入到问题求解、从人类个体到社会活动,以及人工智能等相关问题的研究。认知学原理主要探索用户操作时的知觉过程、认知过程和操作过程,包含人的正确操作过程,也包含各种不可预测的因素,例如记忆力容易分散、容易遗忘、动作容易出错等。认知学原理用于指导解决操作人员与地面控制站的交流问题,防止操作人员误操作,优化人机界面。

认知模型是对人类认知过程的一种模型描述,其目的是从科学角度探索、研究人脑的思维机制,特别涉及信息处理以及思维决策的相关过程,同时也为人工智能系统的相应设计提供新的体系结构和技术方法。如 Newell 等提出的 SOAR 模型就是一种基于计算机科学的认知体系结构模型。该模型通过规则记忆获取知识及相应的操作符,用以实现复杂问题求解,以及记忆解决问题的过程和相关经验知识,并能够将这种方式用于后续新问题的求解过程。根据不同的研究方向和认知结构,可以将认知模型进行分类,如表 6-2 所示。

表 6 - 2　认知模型架构分类

应用领域	模型架构	认知模型
条件作用及知觉	刺激-反应	EPAM
语言	规则、语义网络	MEMOD
分类	排列机构	PDP
短时记忆	表结构	EPAM、SOAR
知识获得	命题网络	PDP
问题解决	问题空间、产生式系统	ACT－R、SOAR、GPS

注：表中的 EPAM(elementary perceiver andmemorizer)为初级感知和记忆模型；MEMOD 为人类长期记忆模型；PDP(parallel distributed processing)为并行分布处理模型；SOAR(state operator and result)为状态、运算和结果；ACT－R(adaptive control of thought-rational)为理性思维的自适应控制；GPS(general problem solver)为通用问题求解。

3. 可交互性原理

交互设计的本质在于定义人造物的行为方式所需要的相关界面。可交互性原理具有参与性和互动性。从使用者角度分析，交互设计是一种如何使产品变得易用、有效且让使用者感到愉悦的技术，致力于了解目标用户及其期望、使用者与产品之间的互动行为，以及"人"本身的心理呈现和行为特点。可交互性包括交互设备、交互方式、交互技术和交互软件等要素。在设计地面控制站人机界面时需要充分考虑交互方式是否符合操作人员的心理模型和心理逻辑，进而确定所选用的交互技术和交互设备，并通过交互软件将它们串联起来，以解决人机之间的信息交流问题。

4. 其他原理

人机交互行为除了满足基本的功能需求，也要考虑用户的情感需求。软、硬件的交互界面要满足用户的审美需求、学习需求、使用习惯和使用环境。因此，人机交互设计还涉及美学原理、符号学原理和人类学原理。

6.4　席位设置及功能

地面控制站的席位是指供无人机地面操作人员工作的位置。由于地面控制站形式多样，其操作人员和席位设置也不尽相同。大中型无人机通常需要有飞行监控员、任务监控员、任务规划员和链路监控员，地面控制站的席位也应按这些人员进行设置。

地面控制站采用电子方舱结构，方舱的体积、重量、吊装方式可以适应公路、铁路和国内、国际主力运输机快速运输的通用要求。大型无人机的地面控制站舱内布局如图 6 - 9 所示，方舱右侧布置大门，前后设计有维护门及维护舱，进入方舱，自右后部开始沿顺时针方向依次布置 9 个机柜：链路监控席、数据处理设备、接口与通信设备、情报处理席、任务规划处理设备、任务规划与指挥席、飞行/任务监控席 1、飞行/任务处理设备、飞行/任务监控席 2。方舱内划分为 3 个独立的功能区域，依次是链路监控与情报处理区域、任务规划与指挥区域、飞行/任务监控区域，标准配置 5 个操作席(含一个情报处理席)，可接入视距数据链，完成无人机的飞行与任务控制。为实现系统的通用化，地面控制站内设备大部分采用高可靠、低成本、模块化的商业性货架产品。

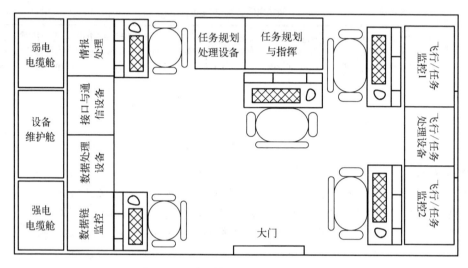

图 6-9　地面控制站舱内布局示意图

6.4.1　飞行/任务监控区域

工作舱前部为无人机飞行/任务监控区，设有左右两个软硬件完全一致、互为备份的飞行/任务监控席位，两个席位中间的机柜用于放置飞行与任务处理设备。飞行监控席位和任务监控席位所使用的硬件配置完全相同，通过切换不同的应用软件，实现席位切换的功能。两个席位从上至下安装有 4 个显示设备：上屏为任务规划显示屏，主要显示任务规划、导航与态势画面；中屏为视频与平显显示屏，显示飞控平显叠加视频画面；左下屏为指令控制显示屏，右下屏为状态监测与告警显示屏，可以通过触摸屏操纵或鼠标键盘操纵，分别完成飞行指令发送、无人机状态监测及告警等功能，两台显示器共用一台计算机主机。操作台从左至右分别安装油门杆、键盘、轨迹球和操纵杆，其设备布局如图 6-10 所示。

飞行监控席配置操纵杆和油门杆，操纵杆位于席位台面右边，油门杆位于席位台面左边，两个杆均连接在指令控制计算机上，飞行监控员通过两个杆来操控无人机。

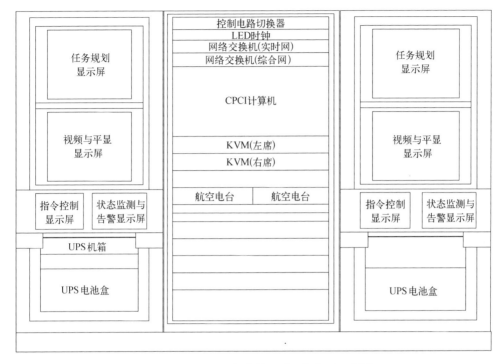

图 6 - 10 飞行/任务监控区域设备布局示意图

飞行监控席配置若干台计算机,每台计算机均有若干个网口,分别连接实时网和综合网两个网,两个席位的计算机全部集成在一台 CPCI(compact peripheral component interconnect)计算机中。每个席位均配置一个航空电台,每个航空电台以喇叭和耳机两种方式工作。

6.4.2 链路监控与情报处理区域

工作舱后部为链路监控与情报处理区域,左侧为链路监控席,右侧为情报处理席,两个席位中间两个机柜分别放置数据处理设备、接口与通信设备,其设备布局如图 6 - 11 所示。

链路监控席主要实现视距数据链设备的监控,配置上、中、下三屏显示器和操纵杆、数据链监控计算机。上屏主要显示图像信息,并在数字地图上绘制飞行航迹与姿态;中屏主要显示数据链状态信息;下屏采用触摸屏,主要实现数据链的指令控制;操纵杆用于视距数据链地面定向天线的方位及俯仰控制。

情报处理席主要完成地面控制站内设备运行监控、通信接口管理、网络管理与监控,以及 C^4I 通信信息处理。情报处理席配置上下双屏显示器和通信管理计算机,上屏主要显示设备运行监控信息;下屏主要显示通信接口与网络管理信息、C^4I

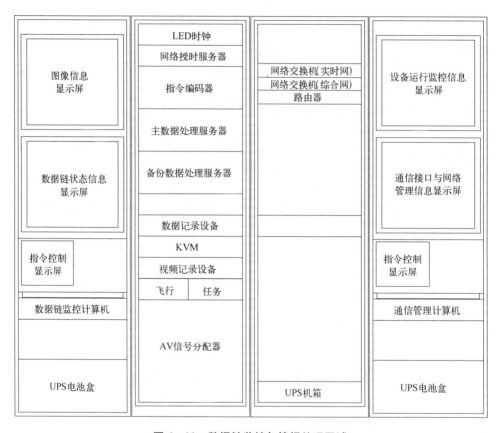

图 6-11　数据链监控与情报处理区域

信息协调处理结果,并负责向任务规划席、飞行监控席、任务监控席分发战情信息。此外,情报处理席还负责地面控制站乘员与外界的任务协调,获取地面控制站完成任务所需的信息,并避免无关信息对任务的干扰。

数据处理设备机柜主要配置时统设备、视频记录设备、数据记录设备,两台冗余的数据处理服务器互为热备份,完成遥控遥测数据的编解码、复分接及视频 A/D 转换等功能。

接口与通信设备机柜主要布置网络交换与路由设备、光电转换设备,完成地面控制站内外光电数据的通信以及信息通信。

6.4.3　任务规划与指挥区域

工作舱中部为无人机任务规划与指挥区,左侧为任务规划处理机柜,右侧为任务规划席。任务规划与指挥区采用同飞行/任务监控区基本相同的设备,不同之处在于操作台上取消了航空电台。任务规划席设计上、中、下左、下右四个显示器。

上显示器和中显示器主要显示导航与态势画面、平显叠加视频画面。下左与下右显示器为触摸屏显示器,可以通过触摸屏操纵或通过鼠标键盘操纵,完成载荷指令发送、无人机状态监测等功能。

6.4.4　各席位主要功能

大型无人机的地面控制站中一般设置飞行监控席、任务监控席、任务规划席、链路监控席和情报处理席五个席位,各个席位对应的人员履行各自职责,实现各个席位的功能。

6.4.4.1　飞行监控席

飞行/任务监控区左右两个席位可完全互换,通常情况下左侧为飞行监控席,右侧为任务监控席。飞行监控席主要具有以下功能:

(1) 前视摄像与平显叠加;

(2) 虚拟视景与平显叠加;

(3) 导航与态势显示;

(4) 无人机选择功能;

(5) 按飞行模式自动或手动载入相关画面;

(6) 无人机状态监测与告警功能;

(7) 无人机监控功能,在无人机起飞、降落阶段,飞行监控员通过飞行监控席监视无人机的起降情况,并在紧急情况下进行人工干预;在无人机执行任务及巡航阶段,通过飞行监控功能监视无人机的飞行状态,并在紧急情况下进行人工控制。

6.4.4.2　任务监控席

任务监控席主要负责监控无人机机载侦察设备和执行攻击任务,主要具有以下功能:

(1) EO 视频与火控平显叠加;

(2) 虚拟视景与火控平显叠加;

(3) 导航与态势显示;

(4) 无人机状态监测与告警功能;

(5) 在起飞并转入巡航阶段时,完成传感器标校工作;

(6) 在无人机执行任务阶段,任务监控员通过任务监控席完成无人机的任务操纵控制和评估。

6.4.4.3　任务规划席

任务规划员通过任务规划席进行飞行前任务规划、飞行过程中实时规划和整个任务过程的态势监视等。任务规划席也能独立完成无人机的载荷操纵控制,可以作为任务监控席的一个备份,主要具有以下功能:

(1) 飞行前航路规划、侦察目标规划、打击目标规划、数据链规划、应急情况处置规划,并向其他席位或上级分发规划结果;

(2) 实时任务规划;

(3) 整个任务态势显示;

(4) 整个任务的指挥、调度和控制。

6.4.4.4　链路监控席

链路监控席主要负责视距链路工作状态的监控,以及工作参数的调整,主要具有以下功能:

(1) 主链路监控;

(2) 副链路监控;

(3) 实现上行遥控信号的信号分路。

6.4.4.5　情报处理席

情报处理席主要负责遥测数据的对外分发功能,主要具有以下功能:

(1) 接收外部数据;

(2) 分析和处理侦察数据;

(3) 向外转发侦察数据。

6.4.4.6　席位切换

飞行监控席、任务监控席两个席位的硬件、软件和数据种类/路径/来源完全一致。飞行监控员、任务监控员均为专职人员,即飞行监控员只负责飞行监控,任务监控员只负责任务监控。两个席位不能同时监控飞行,也不能同时监控同一个任务载荷设备。

正常情况下,左边为飞行监控席,右边为任务监控席。飞行监控席与任务监控席的切换通过指挥下达命令,通过切换软件实现席位的切换,席位的唯一性由控制软件检测实现。当飞行监控席出现故障时,飞行监控员与任务监控员交换位置。原任务监控席切换软件进入飞行监控模式,原飞行监控席的飞行监控模式立即进入禁用状态。通过故障处置程序排除故障后,可按照上述类似方法恢复成原席位分工和状态。

6.5　网络管理与监控

随着无人机地面控制站向一站多机方向发展,无人机机载系统与地面站系统之间的通信量越来越大,对地面站系统的通信处理、任务处理、图像处理能力要求不断增强,采用高带宽、低延时的总线网络实现各部分之间的互连互通成为必然趋势,对地面站网络管理与监控提出了更高要求。

6.5.1　地面控制站网络设备

地面控制站网络设备将起降站、任务站、视距链路地面站、卫星链路地面站、情报处理系统以及其他应用终端等节点相互连接,构成地面站系统的专用硬件设备。地面控制站常用的网络设备有中继器、交换机、路由器、服务器、网卡、集线器、调制解调器和光纤收发器等。

6.5.1.1　中继器

中继器是在物理层上实现局域网网段互连的最简单网络设备。中继器不关心数据的格式和含义,只负责复制和增强通过物理介质传输的“1”和“0”信号。如果中继器的输入端收到一个比特“1”,其输出端就会重复生成一个比特“1”。这样接收到的全部信号被传输到所有与之相连的网段,可以说中继器是一种“非辨识”设备。因此,它仅用于连接相同的局域段,不能用于连接两种不同介质访问类型的网络,比如令牌环网和以太网。

中继器的主要优点是安装简便、使用方便、价格便宜、速度快(在以太网的传输速率可以达到 10 Mbps)。但由于中继器只是逐个比特地重复生成其所接收的信号,因此,它也会重复错误的信号。中继器可分为以太网中继器和令牌环网中继器两大类。

1. 以太网中继器

在以太网中,中继器用来扩展物理介质的作用距离。图 6-12 展示了如何用 2 个中继器将 3 个以太网网段连接起来。在这种配置下,中继器在每个网段中都被看作节点。在这个网络中可以接入的最大节点数为296。每个中继器算作 2 个节点,一共有 2 个中继器,除去中继器以外,能接入的最大节点数为 300-4 = 296。

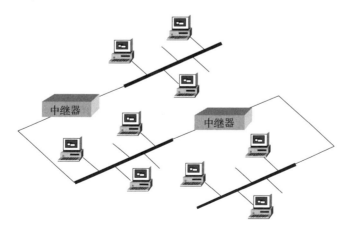

图 6-12　中继器和以太网网段

2. 令牌环网中继器

在令牌环局域网中存在 3 种不同类型的中继器：第一类位于独立的网络节点上，通常在网卡上；第二类是指"单环(lobe)中继器"(令牌环网的线缆网段称为单环)，单环中继器允许令牌环网节点比普通配置时更加远离多站访问单元(multistation access unit, MAU)；第三类中继器是环路中继器，当网络中有多个 MAU 时，使用这种中继器，一个环路中继器可以将环路长度延长到 750 m。

6.5.1.2　交换机

交换是按照通信两端传输信息需要，用人工或设备自动完成方法，把信息传输到符合要求的路由上的技术统称。

广义的交换机就是一种在通信系统中完成信息交换功能的设备。在计算机网络系统中，交换概念的提出是对共享工作模式的改进。集线器(HUB)就是一种共享设备，HUB 本身不能识别目的地址，当同一局域网内的 A 主机给 B 主机传输数据时，数据包在以 HUB 为架构的网络上以广播方式传输，由每一台终端通过验证数据包头的地址信息来确定是否接收数据。也就是说，在这种工作方式下，同一时刻网络上只能传输一组数据帧的通信，若发生碰撞就要重试。这种方式就是共享网络带宽。

交换机拥有一条高带宽的背部总线和内部交换矩阵。交换机的所有端口都挂接在这条背部总线上，控制电路收到数据包后，处理端口会查找内存中的地址对照表，进而确定目的 MAC(网卡的硬件地址)的网络接口卡(network interface card, NIC)挂接在哪个端口上，通过内部交换矩阵迅速将数据包传送到目的端口，目的 MAC 若不存在则广播到所有端口，接收端口回应后交换机会"学习"新的地址，并把其添加入内部 MAC 地址表中。使用交换机也可以将网络"分段"，通过对照 MAC 地址表，交换机只允许必要的网络流量通过交换机。通过交换机的过滤和转发，可以有效地隔离广播风暴，减少误包和错包的出现，避免共享冲突。

交换机在同一时刻可以进行多个端口对之间的数据传输。每一端口都可以视为独立的网段，连接在其上的网络设备独自享有全部的带宽，无须同其他设备竞争使用。当节点 A 向节点 D 发送数据时，节点 B 可同时向节点 C 发送数据，而且这两个传输都享有网络的全部带宽，都有各自的虚拟连接。例如，若使用 100 Mbps 的以太网交换机，则该交换机此时的总流通量等于 2×100 Mbps＝200 Mbps，而使用 100 Mbps 的共享式 HUB 时，一个 HUB 的总流通量也不会超出 100 Mbps。

总之，交换机是一种基于 MAC 地址识别，能完成封装转发数据包功能的网络设备。交换机可以"学习"MAC 地址，并把其存放在内部地址表中，通过在数据帧的始发者和目标接收者之间建立临时的交换路径，使数据帧直接由源地址到达目的地址。

6.5.1.3　路由器

路由器主要起路由作用，它为经过路由器的每个数据分组寻找一条最佳传输

路径,同时将该数据分组有效地传输到目的节点,主要功能包括:

(1) 对网络间接收节点发送的数据包,根据数据包中的源地址和目的地址,对照自己的路由表,将数据包直接转发到目的节点;

(2) 为网际间通信选择最合理的路由;

(3) 拆分和包装数据包;

(4) 不同协议网络之间的连接,部分中、高档路由器具有多通信协议支持功能;

(5) 具备一定的防火墙功能,能够屏蔽内部网络的 IP 地址,自由设定 IP 地址、通信端口过滤,使网络更加安全。

路由器是一种联结多个网络或网段的网络设备,它能将不同网络或网段之间的数据信息进行"翻译",使它们能够相互"读"懂对方的数据,从而构成一个更大的网络。

路由表一般分为静态路由表和动态路由表两种。静态路由表由系统管理员事先设置好,一般在系统安装时根据网络的配置情况预先设定,不会随网络结构的变化而变化。当拓扑结构变化时,路由表也必须手动修改。动态路由表是路由器根据网络系统的运行情况而自动调整的路由表。目前绝大部分路由协议都支持动态路由,每个路由器自动建立自己的路由表。动态路由算法自动对网络拥塞或网络拓扑结构的变化做出反应。

下面通过一个例子来说明路由器的工作原理。

某型无人机地面站系统构建了一个 B 类网络,它的网络地址是 131.108.0.0。在这个网络内部划分了一些子网,子网掩码为 255.255.255.0。但是在网络外部,只知道是一个单一网络。

假设另一个 IP 地址的网络中,有一台设备要将数据发送给无人机地面站系统所在网络中,其目的 IP 地址为 131.108.2.2。数据在网络上传输,直到到达路由器。路由器的工作是确定将数据发送给具体的子网,如图 6-13 所示。

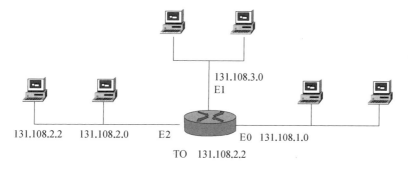

图 6-13 路由器连接 3 个网络

工作原理总结如下：

（1）路由器接收来自其连接的某个网站的数据；

（2）路由器将数据向上传递到协议栈的网际层，舍弃网络层的信息，重新组合IP数据报头；

（3）路由器检查IP报头中的目的地址。如果目的地址位于发出数据的那个网络，那么路由器就放下被认为已经到达目的地的数据；

（4）如果数据要送往另一个网络，那么路由器就查询路由表，以确定数据要转发到的目的地；

（5）路由器确定哪个适配器负责接收数据后，通过相应的网络层软件传递数据。

路由器接着查看其路由表，寻找与包含子网的网络号相匹配的网络接口，如图6-14所示。

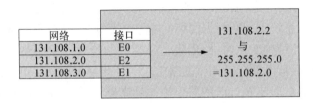

图6-14 路由器查询路由表

找到匹配对象后，路由器确定出使用哪一个接口，然后将数据发送给网络中正确的接口和子网目的IP地址。

路由器是一种高档的网络接入设备，路由器主要优点是适用于大规模的网络、为数据提供最佳的传输路径、能更好地处理多媒体、安全性高、隔离不需要的通信量、节省局域网的频宽、减少主机负担。路由器主要缺点有不支持增强用户接口（NetBIOS enhanced user interface，NetBEUI）等非路由协议、安装和设置复杂、价格较高等。

6.5.1.4 其他设备

（1）服务器：储存了所有必要信息的计算机或其他网络设备，专用于提供特定的服务。例如，数据库服务器中储存了与某些数据库相关的所有数据和软件，允许其他网络设备对其进行访问，并处理对数据库的访问。

（2）网卡：即网络接口卡，是计算机或其他网络设备所附带的适配器，用于计算机和网络间的连接。每一种类型的网络接口卡都是分别针对特定类型的网络设计的，例如以太网、令牌环网或者无线局域网。网络接口卡使用物理层（第一层）和数据链路层（第二层）的协议标准进行运作。网络接口卡主要用于定义与网络线连接的物理方式及在网络上传输二进制数据流的组帧方式，还用于定义控制信号,为数据在网络上传输提供时间选择方法。

（3）集线器：最简单的网络设备,计算机通过一段双绞线连接到集线器。通过集线器将数据转送到所有端口,无论与端口相连的系统是否按计划接收这些数据。除了与计算机相连的端口外,集线器还会将一个端口指定为上行端口,用于将该集线器连接到其他集线器,以形成更大的网络。

（4）调制解调器：一种接入设备,将计算机的数字信号转译成能够在常规电话线中传输的模拟信号。调制解调器在发送端调制信号并在接收端解调信号。调制解调器可以为内部设备,插在系统的扩展槽中;也可以为外部设备,插在串口或USB端口中。

（5）光纤收发器：一种将短距离的双绞线电信号和长距离的光信号进行互换的以太网传输媒体转换单元,也被称之为光电转换器。

6.5.2 地面控制站网络规划

本节主要阐述地面控制站网络规划中涉及的网络地址分类和划分。

6.5.2.1 网络地址分类

网络 IP 地址如图 6-15 所示,地址分类如图 6-16 所示。IP 地址 32 位,包括网络号字段和主机号字段。IP 地址分为 A、B、C、D 和 E 类。

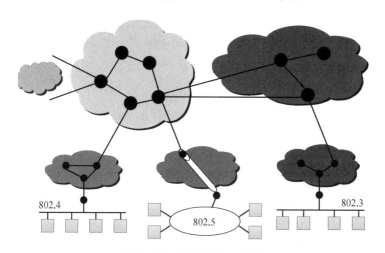

图 6-15 网络 IP 地址示意

（1）A 类地址：0 开头,网络标识 7 位（$2^7 = 128$）,主机标识 24 位。可以表示 $128-2=126$ 个网络,每个网络含 $2^{24}-2 \approx 1\ 600$ 万个主机。

（2）B 类地址：10 开头,网络标识 14 位（2^{14}）,主机标识 16 位（2^{16}）。

（3）C 类地址：110 开头,网络标识 21 位（2^{21}）,主机号 8 位（$2^8 = 256$）。

特殊 IP 地址如表 6-3 所示,从不分配给主机。

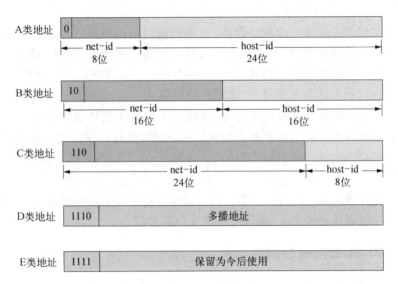

图 6 - 16　网络 IP 地址分类

表 6 - 3　特殊 IP 地址

前　缀	后　缀	地　址　类　型	用　　途
全 0	全 0	本机	启用时使用
全 0	主机	主机	标识本网络中的主机
网络	全 0	网络	标识一个网络
网络	全 1	直接广播	在指定网络广播
全 1	全 1	有限广播	在本地网络广播
127	任意	回环	测试

6.5.2.2　网络地址划分

为了便于管理和使用规模较大的网络,可以将网络分成若干子网(subnet),采取分而治之的方法。子网屏蔽(subnet mask,子网掩码)将网络地址和子网地址部分置"1",主机部分置"0",IP 地址与子网屏蔽相与,得到网络地址:

IP 地址 AND 子网屏蔽　＝　网络地址　子网地址　全 0

默认的子网掩码为:

A 类,255.0.0.0;

B 类,255.255.0.0;

C 类,255.255.255.0。

例 1:B 类地址如图 6 - 17 网络,划分子网如图 6 - 18 所示。

B 类地址：153.   13.   0.   0

10011001. 00001101.   00000000.   00000000

               00000011   153.13.3.0

               00000111   153.13.7.0

               00010101   153.13.21.0

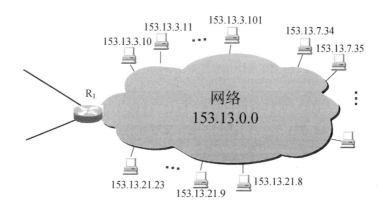

图 6-17　B 类网络地址

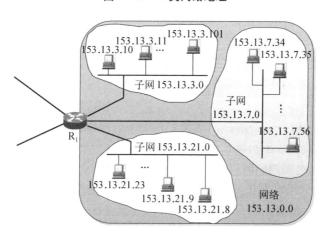

图 6-18　子网地址划分

例 2：C 类网络 192.10.1.0,主机号部分的前三位用于标识子网号,

     192   10   1   0

即：11000000   00001010   00000001   xxx   y yyyy

          网络号   +   子网号   新的主机号部分

子网号 xxx 为全"0"全"1"不能使用,于是划分出 $2^3-2=6$ 个子网,子网地址分别为：

11000000	00001010	00000001	00100000	--	192. 10. 1. 32
11000000	00001010	00000001	01000000	--	192. 10. 1. 64
11000000	00001010	00000001	01100000	--	192. 10. 1. 96
11000000	00001010	00000001	10000000	--	192. 10. 1. 128
11000000	00001010	00000001	10100000	--	192. 10. 1. 160
11000000	00001010	00000001	11000000	--	192. 10. 1. 192

子网掩码：1111 1111 1111 1111 1111 1111 111　00000

"网络号+子网号"部分—全1　　"主机号"部分—全0

子网地址计算：子网掩码∧IP地址,结果就是该IP地址的网络号。

子网掩码为：

11111111　　11111111　　11111111　　11100000

255　.　255　.　255　.　224

6.5.3　网络互联与访问控制

无人机系统可以将分布在不同地域上的地面控制站网络设备相连接,以构成更大的网络系统,实现更大范围的数据通信和网络资源共享。

互联的各个网络可以是同类型的网络、不同类型的网络以及运行不同协议的设备与系统。实现网络互联就是要在不同的网络体系结构上选定一个相应的协议层次,使得从该层开始被互联的网络设备中的高层协议都相同,其低层和硬件的差异可以通过该层屏蔽,从而使网络用户的应用得以互通。网络互联后,网络的安全使用和访问控制更加重要。

6.5.3.1　网络互联

对于网络互联,一是要解决网络覆盖范围的物理限制,二是要提高网络效率和便于管理,三是要互联不同体系结构的网络。

当用细同轴电缆组网时,每一个网段长度不能超过500 m,且每个网段的最大节点数为100。如果电缆长度超过了上限,则需要把电缆分割成几段,中间用中继器(repeater)连接起来。在一个网段中,可以包含多个分段和多个中继器,但总的长度不能超过25 km,并且任意两台计算机之间不能多于4个中继器。中继器接收到物理信号后,经过放大再发送出去。中继器是在物理层进行互连,除了增加一些延迟外,从软件观点来看,由一系列中继器连接起来的电缆与一条完整的电缆没有区别。为了提高网络效率和便于管理,常常把一个大的网络分成不同的网段。

不同体系结构的网络在软件和硬件方面都存在差异,差异具体表现在以下几个方面。

(1) 传输介质不同,当前常用的传输介质有双绞线、同轴电缆、光缆及无线技术等。

（2）网络拓扑结构不同,如以太网使用总线结构、令牌环网使用环状结构。

（3）介质访问方式不同,如有带冲突检测的载波监听多路访问（carrier sense multiple access with collision detection, CSMA/CD）、带冲突避免的载波感应多路访问（carrier sense multiple access with collision avoidance, CSMA/CA）、阿罗哈（additive links online Hawaii area, ALOHA）等不同的访问方式。

（4）网络编址方式不同,如以太网、令牌环网等大多数局域网采用定长的 6 字节编码方式;而 X25 网采用变长的地址编码方式,在地址中还包含了主机所在的地理位置信息;IP 地址则采用 4 字节地址。

（5）不同的分组长度。不同的物理网络支持的最大分组长度不同,例如在以太网上的最大帧长为 1 518 字节,而在令牌环网上一个帧的最大长度可以达到 8 198 字节。

（6）有连接和无连接之间的区别。以太网使用无连接方式,而在 X25 网上,进行通信的两个节点之间首先要建立虚连接。并且在以太网上,只提供尽力传输服务,如果在数据传输过程中发生数据包丢失,以太网不负责重发;而 X25 网则可以提供可靠的重传机制,保证数据包按照发送顺序到达目的地。

（7）传输控制方式不同。例如传输控制协议（transmission control protocol, TCP）采用在端系统处理流控方式,而异步传输模式（asynchronous transfer mode, ATM）的流控则在交换机上进行。

（8）各层协议的功能定义、格式及接口与调用界面不同。这是最主要的方面,如寻址方案、路由选择技术、差错恢复及超时控制方式等均可能不同。之所以存在众多不同类型的网络,是为了满足不同单位对网络速度、距离、成本等方面的不同要求。廉价的网络通常比高价的网络运行速度慢。各种网络技术互不兼容,不能使用简单的方法将两个采用不同网络技术的网络连接起来。

6.5.3.2　访问控制

随着无人机系统对网络依赖的程度越来越高,加强对网络的访问控制显得尤为重要和紧迫。网络访问控制常用的技术有访问认证技术和防火墙技术。

1. 访问认证技术

认证是指对接入地面站网络的某个实体身份加以鉴别和确认,从而证实是否名副其实或是否有效的过程。认证的基本思想是验证某一实体的一个或多个参数的真实性和有效性。目前比较常用的用户认证方法有口令认证和数字签名等。

1）口令认证

口令认证的基本思想是每一个用户都有一个标识和口令,当用户进入系统时,必须先提供其标识和口令,之后系统检验用户的合法性。口令认证方式具有价格低廉、容易实现、用户界面友好的特点。

2) 数字签名

数字签名技术以加密技术为基础,其核心是采用加密技术中的加、解密算法体制来实现对报文的数字签名。数字签名能够证实发方的真实身份,发方事后不能否认所发送过的报文,收方或非法者不能伪造或篡改报文。

2. 防火墙技术

防火墙(fire wall)技术是内部网络中最重要的安全技术之一,防火墙是目前主要的网络安全设备,其主要功能是控制外部非授权用户对受保护网络的访问。

网络防火墙是设置在地面控制站内部网络与外部网络之间的一道屏障,是在网络之间执行安全控制策略的系统,包括硬件和软件。

防火墙的主要功能包括:检查所有从外部网络进入内部网络,或所有从内部网络流向外部网络的数据包;执行安全策略,限制所有不符合安全策略要求的数据包通过;具有防攻击能力,以保证自身的安全性。此外,防火墙还具有网络地址转换功能,能借此来缓解 IP 地址资源紧张的问题。设置防火墙的目的主要是保护内部网络资源不被外部非授权用户使用,防止发生不可预测的、潜在破坏性的侵入,如黑客攻击、病毒破坏、资源被盗用或文件篡改等。

由于各个网络的安全防护策略、防护措施和防护目的不同,防火墙的配置和实现方式也有所不同,常见的防火墙实现方式有单一包过滤路由器、双重宿主主机、过滤主机网关和过滤子网防火墙。

1) 单一包过滤路由器实现方式

这种防火墙是在被保护内部网络与外部网络之间安置单一的包过滤路由器,结构如图 6-19 所示。它是众多防火墙中最基本、最简单的一种。

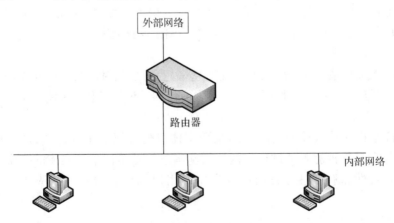

图 6-19 单一包过滤路由器实现方式

这种防火墙允许被保护网络的多台终端与外部网络的多台终端进行直接通信,其危险性分布在被保护网络的每台主机,以及允许访问的各种服务类型上。随着服务的增多,网络的危险性急剧增加。当网络被攻破时,这种防火墙几乎无法保留攻击者的足迹,甚至难以发现已发生的网络攻击。显然,这种防火墙是不安全的,其采取的安全策略属于除了非禁止不可外都被允许的极端类型。

2）双重宿主主机实现方式

这种防火墙是在被保护内部网络与外部网络之间放置一个双重宿主主机,用来隔断传输控制协议/互联网协议(transmission control protocol/internet protocol, TCP/IP)的直接连接,结构如图 6-20 所示。

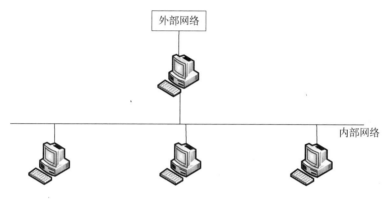

图 6-20　双重宿主主机防火墙

被保护网络中的主机可以与该双重宿主主机通信,外部网络中的主机也可以与双重宿主主机通信,但是两个网络中的主机不能直接通信。

3）过滤主机网关实现方式

这种防火墙配置时需要一个带包过滤功能的路由器和一台堡垒主机。堡垒主机设置在被保护网络,路由器设置在堡垒主机与外部网络之间。这样堡垒主机是被保护网络中唯一可到达外部网络的系统,即使这样,通常情况下也仅有某些特定类型的连接被允许。任何外部的系统试图访问内部的系统或服务,都必须连接到堡垒主机。

由于从外部网络只能访问到堡垒主机,而不允许访问被保护网络中的其他资源,因此,过滤主机网关防火墙相对比较安全。内部网络中的用户与堡垒主机的可达性相当好,不涉及外部路由配置问题。然而,一旦攻击者攻破堡垒主机,整个被保护网络都可能成为攻击目标。

4）过滤子网防火墙实现方式

过滤子网防火墙是添加额外的安全层到过滤主机网关防火墙,即通过添加周边网络,进一步将内部网络与外部网络隔离开,以增强内部网络的安全性。这个周边网络称为过滤子网。一般情况下,采用包过滤路由器防火墙来孤立这个子网。这样,虽然被保护网络与外部网络都可以访问子网主机,但跨过子网的直接访问将被严格禁止。

过滤子网防火墙增加两个包过滤路由器分别连接被保护网和外部网络,同时又都与过滤子网连接,过滤子网设置一台堡垒主机,结构如图 6‑21 所示。过滤子网防火墙的安全性一般较高,入侵者即使攻入了堡垒主机,也必须通过内部路由器 2。在这种情况下,将不会损害内部网络单一的易受侵袭点。

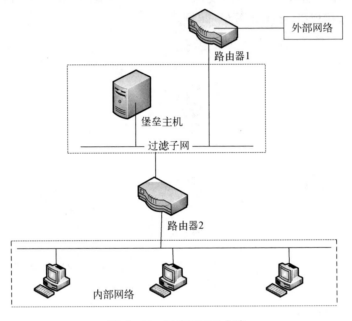

图 6‑21　过滤子网防火墙

6.5.4　网络监控与故障处理

网络监控是监视与控制网络,以确保其正常运行,或当网络出现故障时尽可能地发现故障和修复故障,使之最大限度发挥其应用效益的过程。针对网络使用过程中遇到的软、硬件故障,通常从网络连通、网络协议和网络配置角度进行故障处理。

6.5.4.1　网络监控

网络监控包括网络监视和网络控制两个方面。网络监控系统通常由至少一个网络管理员、多个网络管理代理、网络管理信息库和网络管理协议组成。网络管理员可以通过网络管理协议对网络设备进行管理,如图 6‑22 所示。

网络监控分为网关、网桥、旁路和旁听四种工作模式。

1) 网关模式

工作原理是把本机作为其他网络终端的网关,以单网卡、双网卡或多网卡方式

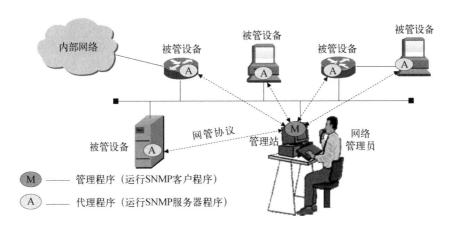

图 6-22　网络监控系统

工作,常用模式是网络地址转换(network address translation, NAT)存储转发方式,控制力极强,缺陷是网关故障后会导致全网瘫痪。

2) 网桥模式

工作原理是将双网卡做成透明桥,而桥工作在第二层,可以简单理解为桥是一条网线。因此,性能是最好的,几乎没有损失。该模式较为理想,即使桥坏了,只要简单做个跳线就可以继续工作;支持虚拟局域网(virtual local area network, VLAN)、无线、虚拟专用网络(virtual private network, VPN)等几乎所有的网络。

3) 旁路模式

工作原理是使用地址解析协议(address resolution protocol, ARP)技术建立虚拟网关,适合于小型的地面控制站网络,并在环境中不能限制旁路模式。路由或防火墙的限制会导致无法旁路成功,网内同时多个旁路时将会导致混乱而中断网络。当采用 ARP 欺骗方式时会导致局域网瘫痪,一般不建议使用。

4) 旁听模式

工作原理是旁路监听,即通过交换机的镜像功能来实现监控。该模式需要采用共享式 HUB 或交换机镜像。该模式的优点是部署方便灵活,只要在交换机上配置镜像端口即可,不需要改变现有的网络结构;而且旁路监控设备一旦停止工作,也不会影响网络的正常运行。缺点是旁听模式只能断开 TCP 连接,不能控制用户数据报协议(user datagram protocol, UDP)通信。若要禁止 UDP 方式通信的软件,需要在路由器上进行相关设置。

6.5.4.2　故障处理

网络使用过程中经常遇到由硬件引起的物理故障、由软件配置或软件错误等引起的逻辑故障,以及由线路老化、损坏、接触不良引起的偶发故障等问题。通常从网络连通、网络协议和网络配置角度进行故障处理。

1. 连通性故障

连通性故障通常有以下几种情况：

（1）终端无法登录到服务器；

（2）无法通过局域网接入网络；

（3）在"网上邻居"中只能看到自己,而看不到其他计算机；

（4）终端无法在网络内访问其他计算机上的资源；

（5）网络中的部分计算机运行速度异常缓慢。

连通性故障常见的原因有：

（1）网卡未安装或配置错误；

（2）网卡硬件故障；

（3）网络协议未安装或设置不正确；

（4）网线、跳线或信息插座故障,HUB、交换机电源未打开；

（5）交换机硬件故障或交换机端口硬件故障。

2. 协议故障

协议故障现象通常有以下几种情况：

（1）计算机无法登录到服务器；

（2）计算机在"网上邻居"中既看不到自己,也看不到其他的计算机；

（3）"网上邻居"中能看到自己和其他计算机,但无法访问其他计算机上的资源；

（4）计算机无法通过局域网接入外部网络等。

协议故障常见的原因有：

（1）协议未安装,即要实现局域网通信,需要安装 NetBEUI 协议；

（2）协议配置不正确,TCP/IP 涉及的基本参数有 IP 地址、子网掩码、域名系统（domain name system, DNS）、网关四个,任何一个设置错误,都会导致故障发生。

3. 配置故障

网络管理员对服务器、路由器等的不当设置会导致网络故障。配置故障更多表现在不能实现网络所提供的各种服务上,如不能访问某台终端等。因此,在修改配置前,必须做好原有配置的记录,最好进行备份。配置故障通常有以下几种情况：

（1）只能与某些终端而不是全部电脑进行通信；

（2）无法访问任何其他设备等。

4. 网络故障排除常用命令

1）ipconfig/all 命令

ipconfig 命令可以查看网络连接的情况,比如本机的 IP 地址、子网掩码、DNS

配置、DHCP 等。all 命令就是显示所有配置的参数。

2）ping 命令

ping 命令用于确定网络和各外部主机的状态，跟踪与隔离硬件和软件问题，测试、评估和管理网络。

ping IP‑t：连续对 IP 地址执行 ping 命令。

ping IP‑a：以 IP 地址格式来显示目标主机的网络地址。

ping IP‑n：执行特定次数的 ping 命令。

ping IP‑f：在包中发送"不分段"标志。该包将不被路由上的网关分段。

ping IP‑i ttl：将"生存时间"字段设置为 ttl 指定的数值。

ping IP‑v tos：将"服务类型"字段设置为 tos 指定的数值。

3）netstat 命令

netstat 命令是一个监控 TCP/IP 网络的有用工具，可以显示路由表、实际网络连接以及每一个网络接口设备的状态信息。Netstat 用于显示与 IP、TCP、UDP 和互联网控制报文协议（internet control message protocol，ICMP）相关的统计数据，一般用于检验本机各端口的网络连接情况。

4）tracert 命令

tracert 命令（跟踪路由）是路由跟踪实用程序，用于确定 IP 数据访问目标路径。tracert 命令用 IP 生存时间（TTL）字段和 ICMP 错误消息来确定从一个主机到网络上其他主机的路由。

5）nslookup 命令

nslookup 命令是一个查询域名信息的有用命令，是由本地 DNS 的高速缓存中直接读出来的，而不是本地 DNS 向真正负责这个域的域名服务器询问而来的。nslookup 命令必须在安装 TCP/IP 协议的网络环境后才能使用。

6）arp 命令

arp 协议是"address resolution protocol"（地址解析协议）的缩写。在局域网中，网络中实际传输的是"帧"，帧里面有目标主机的 MAC 地址。

7）telnet 命令

telnet 命令是传输控制协议/互联网协议（TCP/IP）的网络登录和仿真程序，基本功能是允许用户登录进入远程主机系统。可以让用户的本地计算机与远程计算机连接，从而成为远程主机的一个终端，也可以提供更好的响应，减少通过链路发送到远程主机的信息数量。telnet 命令常用来调试网络设置参数。

6.6　信息互联与数据传递

无人机地面控制站通常由指挥、通信、任务规划、飞行控制、任务控制、数据链管理以及相应的情报处理等分系统构成,各分系统分别具有不同的任务功能,分系统设备组成相对较为独立。分系统之间通过必要的连接,进行相关信息传输与交换,实现系统功能。

6.6.1 系统间信息互联

为了实现系统内部之间以及系统对外的信息交换,有必要建立相应的信息互联关系及其组成体系,从而实现系统之间的互通互联。

6.6.1.1 信息分类

系统信息互联的主要功能是实现系统内部之间的信息交换,根据系统所传输信息类型的不同,系统对传输的要求也随之不同。

1. 测控数据信息

测控数据信息主要由测控链路进行传输,实现地面控制站与无人机之间的无线信息交换。其传输内容为地面控制站发送的上行遥控信息以及无人机回传的下行遥测信息。

1) 遥控信息

地面控制站通过上行信道向无人机传送控制指令,主要包括飞行与导航控制指令、发动机控制指令、机载任务设备控制指令、数据链管理指令等。

a. 飞行与导航控制

飞行与导航控制包括姿态控制、航迹控制和飞行控制模式选择。

姿态控制:俯仰、滚转、偏航等。

航迹控制:高度、位置、速度等。

飞行控制模式选择:人工遥控、程序控制等。

b. 发动机控制

发动机控制包括推力、燃油、温度控制。

推力控制:大、中、小马力控制。

燃油控制:油门控制。

温度控制:缸温控制。

c. 机载任务设备控制

机载任务设备控制包括设备状态管理、基本工作模式控制。

设备状态管理:设备开、设备关。

基本工作模式控制:设备信息加载、工作模式管理。

d. 数据链管理

数据链管理包括信道管理、功率选择、天线控制。

信道管理:波段频率管理。

功率选择:发射机状态控制。

天线控制：天线工作模式控制。

2）遥测信息

无人机通过下行信道向地面控制站传送无人机遥测信息，主要包括飞行状态信息、发动机状态信息、机载任务设备状态信息、数据链状态信息。

a. 飞行状态信息

飞行状态信息包括姿态、航迹、控制模式、伺服、供电、起降设备、环控信息。

姿态：姿态角、角速度、过载、迎角、侧滑角等。

航迹：飞行高度、位置以及速度等。

控制模式：人工遥控、程序控制等。

伺服：控制量、状态。

供电：电网状态。

起降设备：起落架。

环控：舱温、夜航灯。

b. 发动机状态信息

发动机状态信息包括发动机、燃油信息。

发动机：转速、缸温。

燃油：主油箱、副油箱、油泵。

c. 机载任务设备状态信息

机载任务设备状态信息包括设备状态、工作模式信息。

设备状态：设备开、设备关。

工作模式：信息加载、状态发送。

d. 数据链状态信息

数据链状态信息包括信道、功率、天线信息。

信道：波段、频率。

功率：发射机大小功率、接收机自动增益控制（automatic gain control，AGC）电平。

天线：跟踪、引导。

测控数据信息由于信息传输流量较小而实时性要求较高，其传输途径通常选择异步串行通信或网络通信。测控数据信息编帧通常采用定长帧格式，其帧长度为 $2N$ 个字节，数据帧格式包含帧起始标志、帧结束标志、源地址、目的地址、数据内容、校验码。

2. 高速任务信息

高速任务信息是指机载任务设备获取的非成像载荷信息，通过下行链路的专用通道进行传输。通常高速任务信息流量较大，对下行传输带宽要求相对较高，其传输内容主要为数字化处理后的情报信息，并以数据格式进行传输。

高速任务信息由于信息传输流量较大而实时性要求较高,其传输途径通常选择同步串行通信或网络通信。

3. 图像信息

图像信息是指机载成像载荷设备获取的图像信息,通过下行链路的专用通道进行传输。图像信息流量较大,若采用模拟信号下行传输,则系统带宽要求相对较高;若数字传输,由于压缩与解压,其传输过程可能存在时延。图像信息在地面站分系统之间的传输通常选择标准视频同轴电缆或网络通信。

4. 语音信息

语音信息主要通过电台、有线电话、卫星通信、光缆等相关通信介质,实现无人机系统内部之间、系统与外部之间的信息交换,进行系统指挥、协调与控制。

(1)电台:针对无人机系统使用配置环境,选择合适的短波(超短波)电台,主要考虑通信距离和通信方式(点对点方式、组播方式)。

(2)有线电话:对系统内部通信而言,考虑系统配置情况及通信线路,选择交换机类别。有线电话通信保密性较强,但受限于电缆铺设和通信距离。

(3)卫星通信:通过卫星中继实现系统与外界系统之间的超视距通信。

(4)光缆:通过光缆组网进行远距离语音通信,无人机系统使用现场附近一般设有光缆中继基站。

6.6.1.2 通信体制

无人机系统信息较为丰富,信息内容及其编码格式也有差异,分系统所需信息随其功能不同而对其他分系统的信息需求不同。通常而言,系统信息互联传输方式取决于信息格式,数据信息主要采用串行通信、网络通信等传输方式,模拟图像信息通常采用标准制式[如可编程阵列逻辑电路(programmable array logic,PAL)]电视图像格式进行传送,语音信息通过电台、电话实现通话。考虑到视频通信和语音通信均采用标准通用设备进行传输,其通信内容和通信格式均按标准执行,因此,本节主要阐明串行通信和网络通信。

采用不同的通信体制,其通信内容编排和接口方式应遵循相应的通信标准。

1. 异步串行通信

串行通信分为异步串行通信和同步串行通信,异步串行接口分为 RS-232C、RS-422 接口等。

1)RS-232C 接口

RS-232C 是美国电子工业协会公布的串行总线标准,也是目前最常用的串行接口标准,用于实现计算机与计算机之间、计算机与外部设备之间的数据通信。RS-232C 串行接口总线可用于通信距离不大于 15 m 的设备之间进行通信,传输速率最大为 20 Kbps。

2）RS-422接口

RS-422通过传输线驱动器,把逻辑电平转换成电位差,实现始端的信息传送;通过传输线接收器,把电位差转换成逻辑电平,实现终端的信息接收。

RS-422比RS-232C传输信号距离长、速度快,传输速率最大为10 Mbps,在此速率下电缆允许长度为120 m。如果采用较低传输速率,最大传输距离可达1 200 m。

3）数据块结构定义

为了保证数据传送的可靠性,发送的数据块一般采用双字节同步字作为同步头,一个字节保护字作为数据块结束标志。采用累加和方法对数据块进行防错误校验。

2. 同步串行通信

同步串行通信接口类似于异步串行通信,其最大区别在于异步串行通信不需要时钟信号,而同步串行通信则通过时钟信号进行信号处理,时钟信号作为参考基准参与信息编码、解码,同步串行通信传输速率较高,可实现较大流量的数据传送。同步串行通信通常包含数据流、同步时钟信息。

3. 网络通信

计算机网络由多台计算机(或其他计算机网络设备)通过传输介质和软件物理(或逻辑)以相互共享资源的方式连接到一起,并各自具备独立功能的计算机集合体。计算机网络的组成一般包括计算机、网络操作系统、传输介质(可以是有形的,也可以是无形的,如无线网络的传输介质就是空气)以及相应的应用软件四部分。

网络类型按地理范围划分为局域网、城域网、广域网和互联网四种。其中,局域网通常在一个较小区域内通信。无人机地面站系统一般采用局域网体制进行信息交换。局域网(local area network, LAN)就是在局部地区范围内的网络,它所覆盖的地区范围较小,在计算机数量配置上没有太多限制,少的只有两台,多则可达几百台。局域网的特点是连接范围窄、用户数少、配置容易和连接速率高。

常见的局域网有以太网(ethernet)、令牌环网(token ring)、光纤分布式数据接口(fiber distributed data interface, FDDI)网、异步传输模式(ATM)等几类。

1）以太网

以太网是应用最为广泛的局域网,包括标准以太网(10 Mbps)、快速以太网(100 Mbps)、千兆以太网(1 000 Mbps)和10 G以太网(10 Gbps),它们均符合IEEE802.3系列标准规范。

2）无线局域网

无线局域网与传统局域网的主要区别就是传输介质不同,无线局域网采用空气作为传输介质。无线局域网采用的是IEEE802.11系列标准,由IEEE802标准委员会制定。由于无线局域网的"无线"特点,致使任何进入无线网络覆盖区的用户都可以临时用户身份进入网络,给网络安全带来了极大挑战,为此,IEEE802.11z标准专门就无线网络的安全性作了明确规定,加强了用户身份认证制度,并对传输数据进行加密。

3）网络编程规范

Windows 下的网络编程规范 Windows Sockets,是在 Windows 下得到广泛应用的、开放的、支持多种协议的网络编程接口。Windows Sockets 规范的本意在于为应用程序开发者提供一套简单的 API,并让各家网络软件供应商共同遵守。Windows Sockets 规范定义了应用程序开发者能够使用,且网络软件供应商能够实现的一套库函数调用和相关语义。

6.6.1.3　信息处理

信息分类不同,其相应的处理单元也不同。图像及语音信息多采用标准制式方式进行传输,本节仅对数据处理相关单元的信息传递进行说明。

1. 信息处理功能模块

数据信息处理的主要功能由前端实时处理、后端信息处理模块组成。前端实时处理模块主要承担通信帧格式的编码和解码、数据通信接口处理、与后端处理以及外部系统之间的信息发送和接收。后端信息处理模块主要实现与前端处理之间的信息收发,控制上行指令编码、下行信息处理与显示等。前后端通信主要通过串行通信和网络通信方式进行信息传送。

2. 实时信息处理流程

实时信息处理流程如图 6－23 所示,实时信息处理完成遥控数据的实时编码和发送、遥测数据的实时接收和解码、数据信息的实时记录和事后回放、测控数据的网络同步发送。

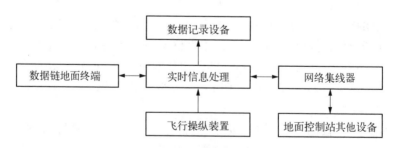

图 6－23　实时信息处理流程

3. 实时信息处理接口

实时信息处理接口一般分为串口通信和网络通信两类。实时信息处理接口关系如图 6－24 所示。

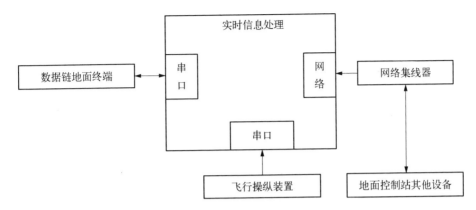

图 6‑24 实时信息处理接口关系

1）数据链地面终端接口

实时信息处理与数据链地面终端设备的接口采用双工串行接口,接口方式采用 RS‑232 或 RS‑422 接口等。

（1）测控接口:用于发送遥控指令、地面监控数据,接收遥测数据。

（2）伺服接口:用于发送数据链地面终端伺服系统的控制指令、数据,接收伺服系统方位、高低数据和工作状态等。根据系统设计的具体要求来确定接口数据传输协议和数据帧格式。

2）飞行操纵装置接口

实时信息处理与飞行操纵装置通过 RS‑232 或 RS‑422 接口进行通信,用于接收操纵指令数据。根据系统设计的具体要求来确定接口数据传输协议和数据帧格式。

3）后端信息处理设备接口

实时信息处理与地面控制站其他后端信息处理设备(包括综合显示、地图航迹显示和任务控制设备)之间,采用以太网进行连接,计算机网络的建立通过网络集线器实现。数据传输协议为 TCP/IP,数据发送为组播或广播方式,具体帧结构依据系统要求确定。

4. 实时信息处理要求

不同的信息处理功能一般由独立的信息处理软件完成,软件运行于相应的信息处理计算机。在信息处理系统的前后端,无论硬件、软件,自始至终都要考虑信息传输的可靠性和实时性要求。

1）可靠性

数据通信的可靠性是接口选择的基本原则。根据环境污染状况、传送距离、通信速度、传输介质等综合因素,选择满足传输环境要求的接口标准和芯片。如飞行操纵装置传输的数据量较低,一般选用串行异步通信标准接口,在不超过其使用范围时都有一定的抗干扰能力,可以保证信号的可靠传输。

2)通信距离

对于线缆传输而言,标准串行接口的电气特性要满足可靠传输时的最大通信速度和传送距离指标,适当降低速度可以提高通信距离,反之亦然。

对于网络通信而言,由于其特有的编码方式,系统传输可靠性较高,其传输距离受制于网络的传输介质。线缆传输距离在百米级,光缆传输距离取决于光端机和光缆属性。

系统内部由于通信距离较短,通常采用线缆方式进行信息传输;指挥所等外部系统由于通信距离较远,可采用光缆方式进行信息传送。光端机和光缆的选择取决于信息流量和传输距离。

3)安全性

信息安全是系统信息传输的重要因素。无人机系统的信息通常采用相应的专用帧格式进行信息处理,其帧格式的编制取决于系统总体接口关系。除了采用专用帧格式,系统信息还可采取必要的加密处理,用于提高信息传输的安全性,但是加密处理要充分考虑信息的实时性。

4)一致性

系统接口选用标准接口,系统内部的接口标准一致,便于系统设计与调试。

6.6.2　数据传递网

地面控制站中涉及串口网、模拟视频网、以太网三种数据传递网。串口网用于传递遥控数据;模拟视频网用于传递前视视频、EO 视频(即任务视频)、舱内视频;以太网(包括实时核心数据网和宽带综合业务网)用于传递侦察数据、遥测及遥控数据。所有的遥测下传数据通过以太网传递,所有席位都可根据需要获得。下行同步复合数据和异步遥测数据,同时通过硬解码服务器和软解码服务器解码后,分别进入核心数据网和综合业务网进行分发。

6.6.2.1　下行数据网

地面控制站接收来自视距链路设备的光/电同步复合数据、光/电异步遥测数据,下行数据网总体结构如图 6 - 25 所示。经过光电选择后的同步和异步数据分发到视距链路接入设备和数据记录器。由视距链路接入设备完成数据分接、硬解码和发送,由数据记录器完成数据的分接、软解码和发送、记录。

视距链路接入设备通过串口连接到串口服务器,串口服务器将视距链路接入设备硬解码出来的遥测数据,以网络组播方式转发到核心数据网,其他各席位通过核心数据网接收遥测数据。视距链路接入设备硬解码输出的模拟视频,通过视频分配器接入各个席位和视频记录器。同时,作为视距链路接入设备硬解码的备份,

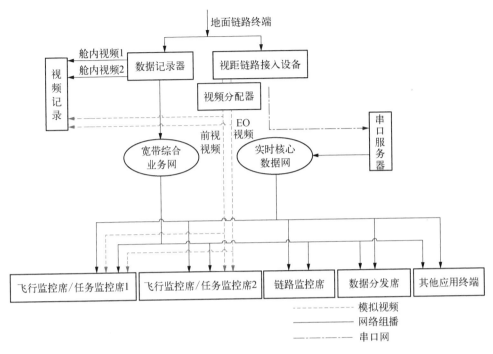

图 6－25　下行数据网总体结构

数据记录器将接收到的复合数据和异步遥测数据进行软解码处理,分接出遥测数据后,以组播方式发送到综合业务网。各个席位可同时通过核心数据网和综合业务网接收遥测数据。

6.6.2.2　上行数据网

上行数据网总体结构如图 6－26 所示,地面控制站各个席位均通过 2 个串口向指令编码器发送遥控数据,指令编码器负责上行遥控组帧。同时,作为备份,各个席位以组播方式通过核心数据网向指令编码软件发送遥控数据,指令编码软件负责进行遥控组帧。指令编码器通过串口将遥控指令发送给地面链路终端,指令编码软件通过网络将遥控指令发送给地面链路终端。指令编码器和指令编码软件发出的遥控指令,发送到数据记录器进行记录。

6.6.2.3　以太网络构建

地面控制站有实时核心数据网和宽带综合业务网两个相对独立的以太网。地面控制站中每台计算机均有两个网卡,分别属于两个网,实时核心数据网用于地面控制站内部通信,主要传递无人机遥测数据和遥控数据,快速传输以保证飞行控制的实时性和飞行安全,宽带综合业务网除用于地面控制站内部使用外,还对外提供网络数据传递服务,主要传递数据量较大的侦察数据等,同时也传递遥测数据,还接收外部数据。

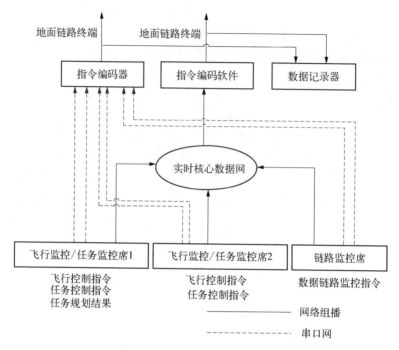

图 6－26　上行数据网总体结构

6.6.2.4　串口网络构建

地面控制站有上行串口网和下行串口网两个独立的串口网。

上行串口网主要用于传递上行遥控数据,如图 6－27 所示,飞行监控席、任务监控席和任务规划席均通过两条串口线路连接到指令编码器。

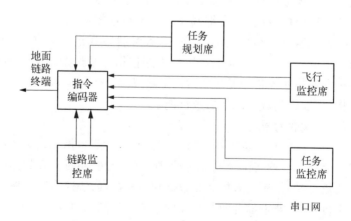

图 6－27　上行串口网数据传递

下行串口网主要用于传递遥测数据,如图 6 - 28 所示,串口数据到达串口服务器后,转换为网络组播数据进入实时核心数据网。

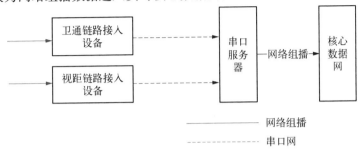

图 6 - 28　下行串口网数据传递

6.6.2.5　模拟视频网络构建

模拟视频网络总体结构如图 6 - 29 所示,主要负责传输前视视频、EO 视频、舱内视频。视距链路接入设备输出前视视频和 EO 视频,视频通过 AV 信号分配器分别接入飞行监控席、任务监控席和硬盘录像机。飞行监控席、任务监控席上都配备了视频切换器,操作人员可以根据需要切换任意视频。地面控制站方舱内安装有监控摄像头,舱内视频直接进入硬盘录像机进行全程记录。

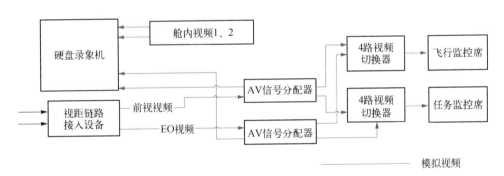

图 6 - 29　模拟视频网络总体结构

6.6.2.6　与地面链路终端接口

地面控制站通过地面链路终端对无人机进行遥控、遥测,地面链路终端包括 1 个视距链路地面车和 1 个卫通链路地面车。任务使用模式下,视距链路地面车无人值守,通过地面控制站的链路监控席对其进行监控。地面控制站与地面链路终端之间,具备光缆和电缆两种冗余的连接方式,可以根据使用需要进行切换。

6.6.2.7　视频和数据存储

地面控制站通过硬盘录像机、数据记录器分别存储记录模拟视频信息和遥测数据。

1. 模拟视频记录

地面控制站视频记录仪是一个可以记录 8 路音视频的硬盘记录设备,如图 6-30 所示,支持 720×576 的 PAL 视频格式输入,接入硬盘录像机的视频有飞行视频、任务视频和两路舱内视频。

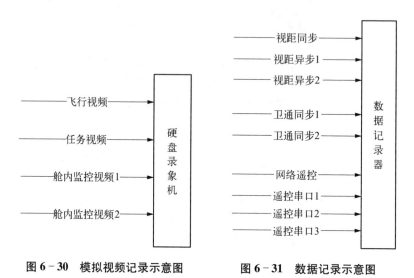

图 6-30　模拟视频记录示意图　　图 6-31　数据记录示意图

2. 数据记录

数据记录器采用 4U CPCI 计算机,配置 1 块同步数据接收卡(用于接收主链路的复合数据),如图 6-31 所示,同时记录各个席位发送的串口遥控指令和网络遥控指令。

6.6.2.8　时间统一

在地面控制站内系统网络中,同时运行着数量众多的显示与处理计算机,每个计算机都拥有自己的时钟。尽管单个计算机计时器的晶体自由振荡频率总是相对稳定的,但保证每台计算机上晶体以完全相同的频率振荡是不可能的,导致各台计算机发生时钟偏移而不同步。不仅计算机与计算机之间的时钟值有偏移,而且同一台计算机的时钟经过一段时间运行后,相对物理绝对时间也会产生越来越多的偏差。如果地面控制站内数十台计算机在一次长航时飞行任务中的时间偏差达到秒级,那么对无人机系统的任务执行来说,是完全不可接受的。

时间统一系统的任务就是保证地面控制站内的飞行与任务计算、操纵控制,以及数据分析、记录与分发的站内时间协调一致,保持地面控制站与无人机机载系统天地时间协调一致,同时保持与外界指挥控制系统、情报系统的内外时间协调一致。

随着卫星通信技术的发展,目前国际上普遍基于 GPS 卫星进行 GPS 导航与授时。为了加强时统系统的可靠性,采用 GPS/北斗组合授时的网络时间服务器,能为系统提供精确的时间信号,通过 NTP 网络时间协议,定时为地面控制站内的计算机设备提供毫秒级的时间统一。同时,网络时间服务器还对地面控制站内的时钟提供时间信号和地面控制站址的卫星导航定位信息。

6.7　本　章　小　结

本章首先阐述了无人机地面控制站的基本功能与组成、测控总线规范,接着简要介绍了人机交互的基本概念、设计策略、人机界面和交互行为,最后重点讲述了无人机地面控制站的网络管理、网络监控、席位设置、功能模块、信息互联和数据传递。

地面控制站的基本功能归纳为规划和操作两大功能,典型地面控制站由任务规划、飞行操控、任务载荷控制、系统状态监控、数据分析/分发和中央处理等单元组成,实现相应的地面控制站模块功能。地面控制站测控总线为 Compact PCI 总线。

无人机地面控制站以人机工程理论为基础,地面控制站元件布局合理、人机界面强大友好、交互行为安全高效,是无人机完成作战任务、显著提升人机交互效能的技术基础和根本保障。

大中型无人机地面控制站一般内设飞行监控席、任务监控席、任务规划席和链路监控席四个席位,各个席位对应人员履行各自职责,实现各个席位的功能。各席位分系统组成相对独立,分系统之间通过串口网、模拟视频网、以太网三种数据传递网进行必要的连接,完成遥控、遥测、高速任务、图像、语音信息的传输与交换,实现地面控制站的系统功能。

思　考　题

1. 简述无人机地面控制站的基本功能与基本组成。
2. 简要分析地面控制站人机界面操作人员与硬件、软件界面之间的关系。
3. 简述地面控制站常用的网络设备及其主要功能。
4. 大中型无人机地面控制站内设几个席位,各个席位的名称是什么?
5. 简要归纳无人机地面控制站各个席位的主要功能。
6. 简要归纳地面控制站的遥控信息。
7. 简要归纳地面控制站的遥测信息。

8. 从功能、特点等方面归纳比较地面控制站的通信体制。

9. 简要分析无人机地面控制站上行数据网的信息传递结构。

10. 简要分析无人机地面控制站下行数据网的信息传递结构。

11. 简要分析地面控制站模拟视频网络的信息传递结构。

参考文献

邓中亮,段大高,崔岩松,等,2010.基于 H. 264 的视频编/解码与控制技术[M].北京:北京邮电大学出版社.

冯桂,林其伟,陈东华,2009.信息论与编码技术[M].北京:清华大学出版社.

傅祖芸,2009.信息论与编码[M].北京:清华大学出版社.

龚佑红,周友兵,2011.数字通信技术及应用[M].北京:电子工业出版社.

关伟,2014.驾驶员对交通标志的视觉信息认知过程实验研究[D].北京:北京工业大学.

姜晨光,2021.走近无人机[M].北京:化学工业出版社.

姜楠,王健,2008.信息论与编码理论[M].武汉:武汉大学出版社.

鞠峰,2007.飞机驾驶舱人机工程设计研究[D].西安:西北工业大学.

刘敏时,刘英,赵峰,2021.智能光学遥感微纳卫星系统设计方法[M].北京:人民邮电出版社.

刘天雄,2018.卫星导航系统概论[M].北京:中国宇航出版社.

毛红保,田松,晁爱农,2017.无人机任务规划[M].北京:国防工业出版社.

谭述森,2010.卫星导航定位工程[M].2 版.北京:国防工业出版社.

汤姆·理查森,鲁迪格·厄本克,2008.现代编码理论[M].武汉:华中科技大学出版社.

唐朝京,雷菁,2010.信息论与编码基础[M].北京:电子工业出版社.

王靖予,2015.基于 ERP 软件的人机界面交互设计研究——以印刷企业库存管理模块为例[D].上海:华东理工大学.

魏瑞轩,王树磊,2017.先进无人机系统制导与控制[M].北京:国防工业出版社.

鄢立,2021.飞行控制系统与设备[M].北京:中国水利水电出版社.

杨元喜,郭海荣,何海波,2021.卫星导航定位原理[M].北京:国防工业出版社.

袁东风,张海霞,2006.编码调制技术原理及应用[M].北京:北京大学出版社.

张杭,张邦宁,2010.数字通信技术[M].北京:电子工业出版社.

张可,魏勤,刘雪冬,等,2021.信息论与编码——理论及其应用[M].北京:电子工业出版社.

赵骥足,2019.MES 系统软件人机交互界面设计研究[D].南京:东南大学.

赵琳,丁继成,马雪飞,2011.卫星导航原理与应用[M].西安:西北工业大学出版社.

赵鲁豫,黄冠龙,蔺炜,等,2021.MIMO 多天线系统与天线设计[M].北京:人民邮电出版社.

中国卫星导航系统管理办公室,2018.北斗卫星导航系统公开服务性能规范[S].

中国卫星导航系统管理办公室,2019.北斗系统空间信号接口控制文件 B1I(3.0 版)中文版[EB/OL]. http://m. beidou. gov. cn/xt/gfxz/201902/P020190227592987952674. pdf[2023 - 12 - 20].

中国卫星导航系统管理办公室,2021. 北斗卫星导航系统公开服务性能规范(3.0 版)中文版 [EB/OL]. http://m. beidou. gov. cn/xt/gfxz/202105/P020210526215541444683. pdf [2023 - 12 - 20].